U0144727

SPIE PRESS | Tutorial Text

SPIE

Aberration Theory Made Simple

像差光學概論

Virendra N. Mahajan 著

馬仕信 陳志宏 李宣皓 羅翊戩 林哲巨 鄭智元 蔡直佑 孫慶成 譯

五南圖書出版公司 印行

教程文章系列

(For a complete list of Tutorial Texts, see http://spie.org/x651.xml.)

教程文章系列簡介

自 1989 年起，教程文章 (TT) 系列已逐步涵蓋科學與工程的各項領域。這系列的初衷為提供資訊給那些無法參與 SPIE 短期課程的學生，並給予參與課程的學生參考資料。因此，這系列中的許多段落係出自課堂補充筆記，並包含進而闡明主旨的說明註記。如此一來，教程文章的讀者群不再侷限於短期課程的學生，而是更廣泛的學習者，並進而成為了一項優質的獨立參考資料。

1989 年起，教程文章以資料彙整的方式逐漸受到大眾歡迎。文章不需再以短期課程的立場出發，而是常由各領域的專家獨立發表。文章之所以受到歡迎，是因為文本為那些希望了解新興技術或最新資訊的學習者，提供了能快速參考的資料。此系列的討論主題已自最初的幾何光學、光檢測器與影像處理領域，跨越至新興的奈米科技、生醫光學、光纖以及雷射技術。教學文本系列的作者們皆提供入門簡介，好為那些對該領域陌生的學習者能以這本書為出發點，對該領域有基本的了解。我們期望文本中的作者，能提升一些讀者對參與短期課程的興趣，或是使讀者針對該領域，往更專業的書籍追求進一步的探究。

系列中的本書與其他技術專題論文和教科書的不同之處在於資料的呈現方式。為了維持系列的教學本質，本書特別強調圖片與說明性文字的使用，以清楚闡明基本和進階的觀念。書中亦使用了大量的表格與範例，以進一步的向讀者說明內容。本書的出版時間已盡力壓縮至最短，好盡可能的提供合時與最新的資訊。此外，這些導論性質的書籍在相同領域上於其他傳統書籍相比，有著更有競爭力的價錢。

當一件提案呈上時，我們會對每一項提案加以評估，以確認文字與擬議主題的關聯性。這項初步檢視過程能幫助作者在早期寫作期間，確認補充資訊的需求，或對教學順序的更動，以強化論點。手稿完成後，將交付同行審查，並於討論中確認各章節是否精確地傳達理論與技術層面的說明。

　　維持系列中書本的體裁和品質，並進一步地為那些讀者有興趣的新興領域擴大書中主題是我的目標。

James A. Harrington

羅格斯大學

謹以此書獻給我的

夫人
Shashi Prabha

兒子
Vinit Bharati

女兒
Sangita Bharati

教程文章系列序

這是個何其難得的榮幸，能讓我為 維倫德拉·馬哈俊 博士（Dr. Virendra Mahajan）的教學文本，像差光學概論撰寫簡短的序。我能有這樣難得的機會，並非因為我對像差理論有深入的研究；事實上，正可能是因為我對像差理論不是特別地了解，所以才有了此次的機會受邀寫序。這是一本教學文本，一直從事教育工作的我，也同時不斷在學習，我是想從這本書中有所受益的，而我也確實獲益良多！

此文本是專為授課而準備的，目前也已實際將此文本的內容傳授給各地廣大的聽眾，因此也算是受過實地的測試和考驗。這些像「白老鼠」的學生也都給予我們很大的幫助，才使得我們能夠從學生和作者的共同努力中獲益。

馬哈揚博士不愧為學者的身分，盡量使得像差理論簡單明瞭。不過，我也要在此提醒讀者，我所謂的「簡單」也是相對的。文本中有些主題並非簡單，不過卻有精確的敘述說明。那些堅持在光學像差系統的分析中，光線像差是最重要構成要素的讀者，不論堅持光線是否離軸的，將會對本書的第一半部非常滿意，但可能會忽略掉第二半部。那些傾心於研究波動像差（像我一樣）的人，將會立刻讀第二半部並為它鼓掌喝采，但不會再回去讀第一半部，應該都是這樣的情況！因為我也是！

我也非常高興馬哈揚博士在書的末段，除了提供文獻目錄外，亦給予許多重要的參考資料列表，這對讀者將帶來莫大的價值。並非偶然地，國際光電工程學會的出版部門（SPIE Optical Engineering Press）也將會以編者的身分協同馬哈俊博士出版具有指標性的一冊— Effects of Aberrations in Imaging Systems。因此，我們每一個人也將能擁有另一冊官方指南的再版書籍在國際上發行，這也無疑地將會是此一教學文本像差光學概論校驗後的再版。

Brian J. Thompson

1991 年 6 月 於 紐約 羅徹斯特

初版序論

　　像差理論是個和光學一樣古老又迷人的領域，然而對許多光電系學生而言卻是個沉重又難以欣賞的科目。這本教科書的目的就是提供解釋，能清楚、簡潔及完整的闡述什麼是像差，如何產生，以及如何影響成像。此書重於從物理學的角度出發，解決問題並數據化結果。本書旨在讓需要或想要更深入了解像差的工程師與科學家們使用，並使之更了解他們在光學成像領域和電波傳播領域的角色。雖然一些像高斯光學與像差理論的知識是有用的，但這並非前提。閱讀本書所需的是奉獻和毅力。儘管本書的標題是"簡易"，一位初學者若是沒有花時間研究像差這個領域，最後還是很有可能會失望。雖然本書不是為了教導光學設計和光學檢驗，但也希望能幫助到從事這兩個領域的研究者，此外這本書避免掉冗長的推導過程，對想要學習像差理論的學生會很有用。

　　省略推導過程是為了精簡並同時保有這本教材的精隨。這些教材曾在我自1984年任教的南加州大學電機與電子物理研究所裡的進階幾何光學課程中使用，而這些教材原本是用在我個人教授航太公司和空軍的光學成像及像差短期課程裡，然後將其整理完成好在美國光學學會和國際光學工程協會會議上授課。大體而言，這裡只有討論到初級像差的光學系統，這系統提供了學習高斯成像重要的第一步。雖然系統裡的高階像差常被認為能追蹤得知，且這些像差的知識非常實用，但它們仍不足以形容高品質光學系統的圖片屬性。

　　本書分為兩個部分：第一部分是幾何光學，第二部分是波的繞射光學。第一章節介紹了在光學成像系統裡的孔徑光闌以及進出光瞳的概念，並定義波和光的像差，以及波前失焦和傾斜像差的討論。此章也提供了多種在旋轉對稱光學模型裡的初級波像差函數，並討論孔徑光欄的移動對函數的影響。最簡單的成像系統裡的波像差函數，即是單球面折射，也在本章中提及。最後，我們將敘述多元光學系統裡的波像差函數的計算程序是可能的。本章是為接下來的六個章節奠下基礎。第二至六章將帶領讀者從簡易系統之中探討初級像差，例如在一塊細薄的鏡片、平行平面板、球面鏡、史密特式攝像機，以及一面圓錐鏡之中各有何結果呈現。有關數值的問題也會在此章節中探討，用以說明如何將這些數據對應到書中的其他章節。第一至七章歸屬在本書的第一部分，將在幾何光學的基礎上討論點物的像差成像。因此，亦特別會討論到射線點列圖分析，及初級像差圖中斑點所佔的比例大小。也會在第一部引出以幾何光學為基礎的像差平衡概念，並說明如何用此概念縮小圖像中的斑點。

在第二部分中，第八至十一章將在波段繞射光學的基礎上討論像差對點物影像所產生的影響。第八章所探討的是，系統應該具有環狀出射光瞳。這種具有無像差特性的系統是在點擴散函數和光學轉移函數的脈絡下加以探討的。也將討論像差與函數之間的關聯性，以及在既有的霍普金斯或斯太爾率之下，說明如何取得像差容限。也在波段衍射光學的基礎上，討論如何在像差平衡概念中得到霍普金斯率或斯太爾率的最大值。在第九章會詳細討論環狀與高斯光瞳的系統。並更進一步瞭解遮攔的效應對於點擴散函數與像差容限之影響。同樣地，也將討論高斯振幅對出射光瞳所造成的效應。本章的內容主要在提供讀者一個像差效應的準則，用以評估在反射望遠鏡中其光學的表現，例如對卡塞格倫、里奇 - 克雷季昂和雷射光束傳播的影響。

第十章則在點擴散函數中的矩心，討論像差系統中的瞄準線。這也點出了只有彗形像差能改變矩心。第十一章會探討隨機像差，與隨機成像移動和像差有關的均時點擴散函數和光學轉移函數是由大氣亂流所引起的。本書的第二部分於第十二章做結，將會有一個在干涉量度學上該如何觀察與辨識像差系統的簡要說明。

本書的每一章節盡可能地各自成章。例如在讀第七章後也可直接跳到第一章。除了第一章開頭的幾個新段落，讀者其實不需要為了理解第二部分而去讀懂第一部分。然而，假如讀者跳過閱讀第一部分就開始讀第二部分會像是故事僅讀了一半。第十二章適合讀者隨時加以研究，除了在球面像差的部分，若未理解第七、八章的像差平衡概念，將難以讀通在討論散焦時為何要使用特定且確切的數值。有關像差理論文獻資料的出處，筆者也已將這些與主題大有相關的書籍列在參考書目中。這些書都是筆者自身曾有機會讀到或藉以獲益的。在波段衍射光學中，筆者憑藉其歷史性（例如英國天文學家艾瑞和英國物理學家雷利的研究報告）或與近期研究相關且尚未出現在其他著作的獨有性，也提供了一些參考文獻。考量到讀者會有更深入研究的可能，在參考書目中亦能找到許多文獻出處。

最後，我想要感謝幫助我完成這本書的人。感謝史汪特納博士 (Dr. Bill Swantner) 針對幾何光學與我討論好幾回，也多次與布雪博士（Dr. Richard Boucher）一同研究衍射光學。此外，布雪博士亦為本書做了幾回的點擴散函數和干涉圖的電腦模擬，並提供書中所需的圖像。感謝唐教授（Prof. Don O'Shea）在本書出版前提供筆者重要且珍貴的評論。另外，夏儂教授（Prof. R. Shannon）也提供許多有助益的評論。在本書第二十三頁中的梵語韻文與其多次的校訂由伊娃摩爾（Iva Moore）打字編纂。最後一個版本則由貝蒂（Betty Wenker）與凱蒂（Candy Worshum）共同創作而成。感謝美國航太公司（The Aerospace Corporation）所提供的相關設備與實質幫助。更感謝國際光學工程學

會 (SPIE) 的波特博士（Dr. Roy Potter）和樂倍（Eric Pepper），他們不但給我寶貴的建議，也在本書的準備工作中幫助了我。感謝瑞克（Rick Hermann）用他許多的心力編輯這一本書。在編寫這本書的過程中，我對於家人的感謝，更是無法言說。這本書，謹獻給我的太太與孩子。

Virendra N. Mahajan

1991 年 6 月 於加州 埃爾塞貢多

再版序論

二十多年前我寫了像差光學概論這本書，以對甚麼是像差和其如何在光學中成像提供一個清楚、簡潔及完整的解釋，並從幾何與繞射光學的角度探討像差如何影響成像。隨後，我在光的幾何成像和波的繞射光學下分別以光學影像和像差為題，延伸並彙整為教科書。教科書裡遺漏的數學上的衍生細節和每章節後的問題將會在這本書裡提供。

在第二版的像差光學概論裡，我從高斯光學裡的符號規則更新到笛卡爾符號規則，以使用於進階幾何光學和光學模型程式。其中數值為負的物體與成像之距離以括號和負號表示 (-)。此外，讀者會發現在幾何光學的部分，相關方程式有一些參數上的異動。在新的版本中，我刪掉了幾個特定的進階細節，包括在初級像差裡的光傳送函數，而這些刪掉的部分能在內容較長的教科書裡取得。此外我也加了一些新的資料，例如光學像差的質心和標準差、初級像差的成像點圖、依據光學模型的黃金原則、二維響應函數的更新、在環狀與高斯光瞳系統下的無像差光傳送函數、澤爾尼克多項式對圓形光瞳和對高斯環狀光瞳的相關多項式、縱向影像運動對成像的影響、地面觀測天文學的高速攝影技術以及適應性光學。我也在每章節後加了簡短的大綱並提示此章的重點，希望這些補充能對閱讀此版像差光學概論的讀者有幫助。

第二版的像差光學概論由俄羅斯聖彼得堡國立資訊科技、機械及光學研究大學 Irina Livshits 教授翻譯成俄文，俄文版能透過連絡以下信箱取得 <ecenter-optica10@yandex.ru>。

翻譯序論

　　像差之於成像系統，猶如利用翻譯軟體申釋原文書。翻譯軟體雖能將原文譯成中文，卻無法使其意義與精髓完整且精確的呈現。成像系統能清晰顯現難以細查其秋毫的物體影像，但美中不足之處在於，大部分的像差會使影像產生失焦、變形、扭曲等失真現象。因此，像差理論實乃光學成像中的重點課題，但因其理論盤根錯節、奧渺艱澀，使許多專力於光學的研究者望之卻步。

　　有鑑於此，Dr. Mahajan 與中央大學孫慶成教授之光學工程研究團隊合作，將此書翻譯成中文並出版問世，透過深入淺出、提綱挈領的分析與論述，旨在提供華人地區有心致力於光學研究的同契們一座便捷的橋樑，使其能精確的掌握並領略像差理論的箇中奧妙。此書經過中央大學光電系歷年來教育出的高級光電博士級專業人才前仆後繼的努力，復與原作不斷地溝通、修訂及校正，並感謝五南出版社協助，歷經一番嘔心瀝血後終至付梓，願能不負原著所託，使讀者能透過此書一窺像差理論的奧境，更希望能藉此拋磚引玉，吸引更多有志之士一同戮力於光學成像的研究寰域。

像差的存在如紅塵世事，總有不盡完滿的缺憾。但正因如此，我們才有明確的目標與動力，為了更臻圓滿而竭力奮起，在不完美中求其完美。人貴自知，唯有謹慎地檢視與反省自己的不足，方能以虛為用，盡其美善；如同精確把握光學成像中像差存在的現象與其物理意義，方能知其損益，使突破成為可能。

共勉之。

中央大學光電系孫慶成光學工程研究團隊
謹識

符號標記及縮寫

符號 / 縮寫	英文名稱	中文名稱
a	radius of exit pupil	出射光瞳半徑
A_i	aberration coefficient	像差係數
AS	aperture stop	孔徑光欄
CR	chief ray	主光線
B_d	peak defocus value	離焦像差峰值
B_t	peak tilt value	傾斜像差峰值
D	pupil diameter	光瞳直徑
e	eccentricity	離心率
f	focal length	焦距
F	focal ratio	焦比
GR	general ray	一般光線
h	object height	物高
h'	image height	像高
H	Hopkins ratio	霍普金斯比值
I	irradiance	輻射照度
J_n	nth order Bessel function	n 階貝索函數
l	distance	距離
L	image distance from exit pupil	自出射光瞳之像距
LSF	line spread function	線擴散函數
m	pupil magnification	光瞳放大率
M	image magnification	影像放大率
MCF	mutual coherence function	互相干函數
MR	marginal ray	邊緣光線
MTF	modulation transfer function	調制傳遞函數
n	refractive index/integer	折射率 / 整數
N	Fresnel number	菲涅耳數
OTF	optical transfer function	光學傳遞函數
p	position factor	位置因子
P	object point, image power	物點、像功率
P'	Gaussian image point	高斯像點

P_{ex}	power in the exit pupil	出射光瞳上功率
$P(\cdot)$	pupil function	光瞳函數
PSF	point-spread function	點擴散函數
PFT	phase transfer function	相位傳遞函數
q	shape factor	形狀因子
r_c	radius of circle	圓半徑
r_0	atmospheric coherence diameter	大氣相干直徑
R	radius of reference	參考圓半徑
$R_n^m(\rho)$	Zernike circle radial polynomial	澤尼克圓形徑向多項式
$R_n^m(\rho;\epsilon)$	Zernike annular radial polynomial	澤尼克環形徑向多項式
$R_n^m(\rho;\gamma)$	Zernike-Gauss radial polynomial	澤尼克 - 高斯圓形徑向多項式
S	Strehl ratio	斯特列爾比值
S_p	area ofexit pupil	出射光瞳面積
W	wave aberration	波像差
x, y	rectangular coordinates of a point	點的直角座標
z	optical axis, axial distance	光軸、軸向距離
$Z_n^m(\rho;\theta)$	Zernike circle polynomial	澤尼克圓形多項式
$Z_n^m(\rho,\theta;\epsilon)$	Zernike annular polynomial	澤尼克環形多項式
$Z_n^m(\rho,\theta;\gamma)$	Zernike-Gauss circle polynomial	澤尼克 - 高斯圓形多項式
$\vec{v}_i$	image spatial frequency vector	像空間頻率向量
$\vec{v}_o$	object spatial frequency vector	物空間頻率向量
v	normalized spatial frequency	歸一化空間頻率
τ	optical transfer function	光學傳遞函數
Ψ	phase transfer function	相位傳遞函數
$\rho = r/a$	normalized radial coordinate	歸一化徑向座標
ω	Gaussian beam radius	高斯光束半徑
β	field angle	視場角
ϕ	polar angle of frequency vector	頻率向量之極角
ϵ	obscuration ratio	遮蔽率
γ	truncation ratio	截斷率
Δ	longitudinal defocus	縱向離焦

Φ	phase aberration	相位像差
r, θ	polar coordinates of apoint	點的極座標
λ	optical wavelength	光學波長
ξ, η	normalized rectangular coordinates	歸一化直角座標
σ_w	standard deviation of wave aberration	波像差之標準差
σ_Φ	standard deviation of phase aberration	相位像差之標準差
σ_F	standard deviation of figure errors	外形誤差之標準差

अनन्तरत्नप्रभवस्य यस्य हिमं न सौभाग्यविलोपि जातम् ।
एको हि दोषो गुणसन्निपाते निमज्जतीन्दो: किरणेष्विवाङ्क: ॥

Anantaratnaprabhavasya yasya himaṃ na saubhāgyavilopi jātam |

Eko hi doṣo gūṇasannipāte nimajjatīndoḥ kiraṇesvivāṅkaḥ ॥

The snow does not diminish the beauty of the Himālayan mountains which are the source of countless gems. Indeed, one flaw is lost among a host of virtues, as the moon's dark is lost among its rays.

喜馬拉雅山中蘊藏的瑰石，流映出更勝於雪的澄澈光華。即使璀璨中有些許的玷缺，亦如粼粼月霽中不見月窟般的瑕不掩瑜

Kálidása *Kumárasambhava 1.3*

目錄

PART II　*Wave Diffraction Optics*　　　　　　　　101

第八章　圓形光瞳系統　　　　　　　　　　　　　　103

PART I

幾何光學

Chapter 1

光學像差

本章大綱

CHAPTER 1
光學像差

1.1 簡介

　　此章節主要由光學成像系統中的孔徑光欄、入射光瞳、出射光瞳的觀念開始介紹；接著定義一些特殊的光線，如主光線和邊緣光線。此外，本章節也定義了光線的波像差及其對應之橫向光線像差之關係。本節也提供了離焦像差與波前傾斜像差的表示式。在本節中，我們將針對旋轉對稱光學系統介紹幾種不同形式的初級像差方程式，並且討論系統中的孔徑光欄從一個位置移動到另外一個位置時，其像差方程式會如何變化。本節亦針對最簡易之成像系統，即單一折射球面，提供孔徑光欄於任一位置上的初級像差方程式。最後，我們將概略敘述多光學元件系統的像差方程式計算過程，此計算過程將會使用在後面章節中，例如，計算薄透鏡的像差 (第二章)、計算平行平板的像差 (第三章)；本章節內容之構成，即為幾何光學第一部分的基礎。

1.2 光學成像

　　光學成像系統主要是由一系列的折射和 (或) 反射表面所組成。物體可發出光線，並經由光學表面折射或反射而形成它的成像，這個成像可以依據**高斯近似** (*Gaussian approximation*) 下的幾何光學而取得。換句話說，光線在近軸近似的條件下，即光線角度正弦值近似角度值本身時，依據**史奈爾定律** (*Snell's law*) 所處理的成像問題，我們都稱為**高斯影像** (*Gauss image*)。通常我們將高斯近似及高斯影像分別稱作**近軸近似** (*paraxial approximation*) 及**近軸影像** (*paraxial image*)。在旋轉對稱的光學系統中，所有元件表面皆對一共同軸線呈旋轉對稱，我們定義此共同軸線為**光軸** (*optical axis, OA*)。圖 1-1 說明一個包含兩個薄透鏡的光學系統中，其離軸的物點 P 與軸上的物點 P_0 (對於薄透鏡的定義，可參閱 2.2 節)，P'、P'_0 為其對應的高斯成像點。物與像彼此互為**共軛** (*conjugation*)，

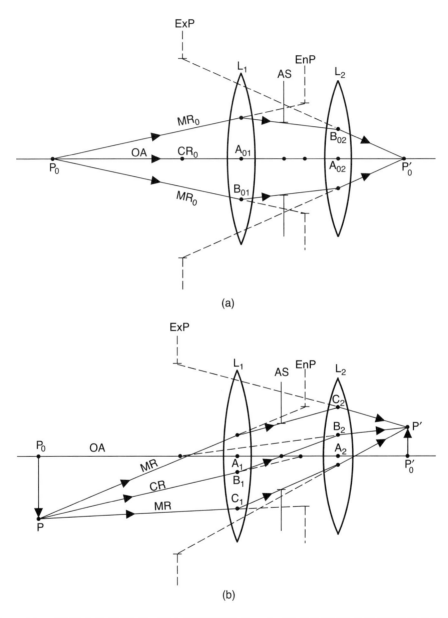

(a)

(b)

圖 1-1 (a) 一光軸上的物點 P_0 經由兩個透鏡 L_1、L_2 組成的光學成像系統來成像。OA 為光軸，P_0' 為其高斯成像點，AS 為孔徑光欄。孔徑光欄對 L_1 透鏡成像即為入射光瞳 EnP。孔徑光欄對 L_2 透鏡成像即為出射光瞳 ExP，CR_0 為軸上的主要光線，MR_0 為軸上射出的邊緣光線。(b) 離軸物點 P 的成像，P' 為其高斯成像點。CR 是離軸的主要光線，MR 為離軸的邊緣光線。

換句話說，此共軛中其中一個為物，則另一個即為物的影像。

在系統中若有一孔徑在物理上限制來自物點發出光線的立體角，我們稱其孔徑為**孔徑光欄** (*aperture stop, AS*)。對於一個寬展型的物體 (即不是一個點)，孔徑光欄習慣上被視為限制軸上物點出光的孔徑，並且能觀測成像漸暗之效應，或是可視為遮蔽離軸物點某些光線的光欄。在系統中，物體均被認定置於系統的左方，並使光線從左往右傳遞。在一般光線傳遞的情況下，光學面對光欄於光學面之後所成的像，換言之，即光學面位於物空間與其成像之間，我們稱其光欄的成像為**入射光瞳** (*entrance pupil, EnP*)。當我們從物空間一側觀察，入射光瞳的存在限制了從物體發出且進入系統而成像的光線。同樣的，光學面對孔徑光欄於光學面前方所成的像，換言之，即光學面位於像空間與其成像之間，我們稱其光欄的成像為**出射光瞳** (*exit pupil, ExP*)。出射光瞳則限制了到達最後成像的物體光線。

當出射光瞳與入射光瞳分別為孔徑光欄對光學面於其前方與後方所成之像，則此兩個光瞳在整個系統中互為共軛，換句話說，當其中一個光瞳視為物體，另一個光瞳即為系統所成的像。

若物體光線通過孔徑光欄的中心，則光線也會同時等效上好像通過入射光瞳及出射光瞳的中心，我們稱此光線為**主光線** (*chief/principal ray, CR*)。若物體光線通過孔徑光欄的邊緣，我們稱其為**邊緣光線** (*marginal ray, MR*)。若光線位在介於孔徑光欄的中心與邊緣之間，其也會等效上好像通過入射光瞳及出射光瞳中心與邊緣之間的區域，我們稱這些光線為**區域光線** (*zonal rays*)。

在系統中，孔徑光欄本身有可能是這個系統的入射光瞳和 (或) 出射光瞳，舉例來說，將孔徑光欄放置於透鏡的左側，孔徑光欄本身就是系統的入射光瞳；同樣的，將孔徑光欄放置在透鏡的右側，孔徑光欄本身即為系統的出射光瞳。最後，若孔徑光欄放置於單一薄透鏡之處，則此光欄即同時為系統的入射光瞳與出射光瞳。

1.3　波像差與光線像差

　　在本章節中，我們定義了與光線有關的波前像差，並討論波前像差與發生在成像面上橫向光線像差之關係。在折射率為 n 的介質中，光線行進的**光程長** (optical path length) 要等於折射率 n 乘上它本身行進的幾何路徑距離。如果光線從一個點狀物體發射出並經過系統射向出射光瞳，使得每一條光線的光程距離都與主要光線相同，則將每條光線的終點所連成的平面稱為物點的**系統波前** (wavefront)。若波前為一個完美球面波，且其曲率中心位於高斯成像點上，我們稱其為完美的高斯成像。然而，如果波前偏離**高斯球面波前** (Gaussian spherical wavefront) 時，我們稱此高斯成像具有像差。這沿著特定光線上與高斯球面波在光波前上的差異 (也就是幾何上偏差乘以像空間的折射率)，我們稱其為此光線的**波像差** (wave aberration)。它表示了從一物點發出光線至一參考球面波，我們所考慮的光線與主光線，兩者間光程距離的差異。因此，我們定義主光線的波像差為零。如果其他光線行走的光程距離比前往高斯球面波的主光線還來得多時，則波像差為正值，我們同時也將此高斯球面波稱為**高斯參考球面** (Gaussian reference sphere)。

　　圖 1-2a 與圖 1-2b 中說明的分別是高斯成像點在 P'_0 及 P' 點的軸上及離軸物點所發出的參考球面 S 與具有像差的波前 W，座標系統也在這些圖裡標示出來。我們選用右手座標系統並使光軸沿著 z 軸。物體、入射光瞳、出射光瞳及高斯像平面 (Gaussian image plane) 均垂直於光軸且互相平行。當一物點 P 位於 x 軸上，此時我們定義包含 P 點及光軸的 z-x 平面為**切面** (tangential plane) 或**子午面** (meridional plane)。在高斯像平面上且沿著 x 軸上的高斯成像點 P' 也位於此切面上。這應是切面上物體光線及同一平面上的入射光與折射光或反射光行為所依據的史奈爾定律所造成的。在系統中，主光線始終位於切面上，垂直於切面，但包含主光線的平面稱為**縱切面** (sagittal plane)。當主光線入射光學面因折射或反射而偏折時，縱切面也因此發生偏折。

　　考慮圖 1-2b 中的一條成像光線 GR，使其通過一個曲率半徑為 R，且曲率中心在成像點的參考球面波上之一點 $Q(x, y, z)$。由於 Q 點在此參考球面波上，當 z 與 x、y 有關，我們可令 $W(x, y)$ 為光線 GR 的波前像差，即 $n\overline{QQ}$。相對於高

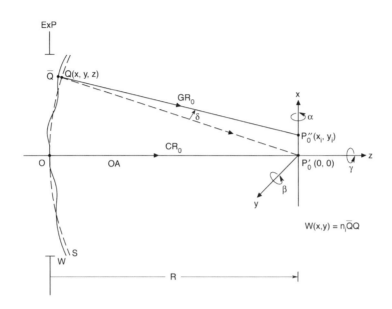

圖 1-2a 由軸上物點 P_0 發出具有像差的波前。曲率半徑為 R 的參考球面波 S 的曲率中心在高斯成像點 P'_0。波前 W 和參考球面波通過出射光瞳的中心 O。圖中 x、y、z 軸為右手直角坐標系，z 軸則沿著此成像系統的光軸。α、β、γ 分別為繞著這三個軸的旋轉角度。主光線為 CR_0，而一般光線 GR_0 與高斯像平面相交於 P''_0。

斯成像點 P'，光線於高斯像平面交點 P'' 的座標可近似為

$$(x_i, y_i) = \frac{R}{n}\left(\frac{\partial W}{\partial x}, \frac{\partial W}{\partial y}\right) \tag{1-1}$$

[(1-1) 式已由 Mahajan、Born 與 Wolf 以及 Welford 所推導。然而，Welford 在波前像差上所使用的符號規，則與我們所使用的相反]。

在圖 1-2a 中，光線從高斯成像點的偏離量 $P'_0 P''_0$ (或圖 1-2b 中的 $P'P''$)，我們稱為幾何或橫向的**光線像差** (*geometrical or transverse ray aberration*)，並且其相對於高斯成像點在高斯像平面上的座標 (x_i, y_i)，我們稱其為光線像差的分量。當光線垂直於波前，光線像差則與波前的形狀有關，因此，其像差也與其離參考球面波之幾何路徑差異有關。在 (1-1) 式中，光程差值可藉式中的 W

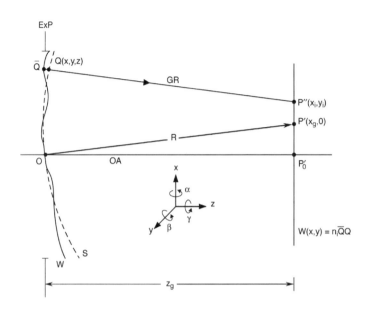

圖 1-2b 由離軸物點 P 發出具有像差的波前。曲率半徑為 R 的參考球面波 S 的曲率中心位在高斯成像點 P'。圖中的 R 值略大於圖 1-2a 的 R 值。一般光線 GR 與高斯像平面交於點 P''。明顯地，主光線 (未顯示) 通過 O 點，但它可能通過或不通過 P' 點。

來除以 n 而轉換成幾何的路徑差值。當一成像存在於自由空間中，即常見於一般練習中折射率 $n = 1$ 的空間，理想光線 QP'_0 與 QP''_0 實際光線間的夾角為 $\delta \cong P'_0 P''_0 / R$，我們稱之為**角光線像差** (*angular ray aberration*)。

　　光線從物點發出，並入射到像平面所形成的光線分布，我們稱之為**光點** (*ray spot*) (第七章中將討論這些圖)。當一波前為圓球形且其曲率中心位在高斯成像點上，這代表此波前的波前與光線像差皆為零。在這種情況下，所有物體光線經過系統均會通過高斯成像點，此稱為完美成像。我們應可考慮將 $W(x, y)$ 視為投影在出射光瞳平面上一點 (x, y) 的波前。若 (r, θ) 表示為相應之極座標，則其與直角座標的關係為

$$(x, y) = r (\cos\theta, \sin\theta) \tag{1-2}$$

1.4 離焦像差

我們現在開始討論一個系統的離焦波像差，以及與其有關的縱向離焦。我們考慮一個成像系統，其物點的高斯成像在 P_1 點。如圖 1-3 所示，我們假設此物點之波前為一曲率中心在 P_2 的球面波 (由 1.6 節中討論的場曲所造成)，以使位在 OP 線段上，即通過出射光瞳的中心 O 和高斯像點 P'_1 的連線上。與高斯參考球面波相關的波前像差形成之原因，主要來自於與其參考球面波在光學上的偏差，此偏差即為 nQ_2Q_1，其中 n 為像空間的折射率，而圖中顯示的 Q_2Q_1 則近似於參考球面波與此波前在高度 r 處的深度差。表面上一特定點的深度，即為與此表面頂點相切的平面在此特定點上沿著對稱軸方向的位置長度差。因此，在距離光軸 r 處之點 Q_1 的**離焦波像差** (defocus wave aberration) 可表示為

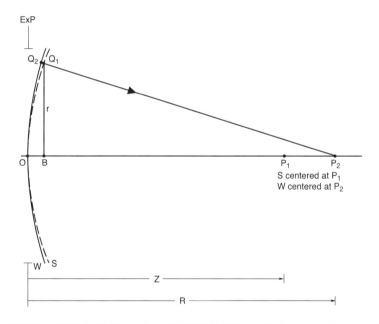

圖 1-3 波前離焦。離焦的波前 W 為一個曲率半徑為 R 且曲率中心點在 P_2 的球面波，參考球面波 S 為一個曲率半徑為 z 且曲率中心點在 P_1 的波前。W 與 S 皆通過出射光瞳 ExP 的中心 O，光線 Q_2P_2 則與波前 W 互相垂直於 Q_2 點，OB 則為 Q_1 點離此波前頂點相切的平面沿對稱軸方向的深度差。

$$W(r) = \frac{n}{2}\left(\frac{1}{z} - \frac{1}{R}\right)r^2 \tag{1-3a}$$

z 和 R 分別為曲率中心在 P_1 的參考球面波 S 和曲率中心在 P_2 的球面波 W 的曲率半徑，兩波前均通過出射光瞳的中心 O，r 為 Q_1 到光軸的距離，我們注意到離焦波像差與 r^2 成正比。如果 $z \simeq R$，則 (1-3a) 式可以改寫成

$$W(r) \simeq -\frac{n}{2}\frac{\Delta}{R^2}r^2 \tag{1-3b}$$

其中 $\Delta = z - R$ 為**縱向離焦** (*longitudinal defocus*)。我們注意到離焦波像差與縱向離焦相差一個負號，而與離焦波像差相對應的光線像差將於第七章中討論。

　　如果我們觀測影像的成像面位在高斯像平面以外的平面上，則離焦像差便會產生。舉例來說，我們考慮成像點在一個無像差的成像系統中的高斯成像點上 (注意現在高斯成像位於 P_2)。因此，在出射光瞳的中心 Q 點處存在的波前為一個曲率中心在 P_2 點的球面波。我們使成像面離焦以通過 Q 及 P_2 的連線上的一點 P_1，並在其成像面上觀測成像。為了能在 P_1 點觀測到無像差的成像，在出射光瞳的波前就必須是一個曲率中心在 P_1 的球面波。如此形成與真實波前的像差有關的參考球面波是必需被定義的。而在參考球面波 Q_1 點上的波前像差，可由 (1-3a) 式及 (1-3b) 式來表示。

　　如果出射光瞳是半徑為 a 的圓，則 (1-3b) 式可以寫成

$$W(\rho) = B_d\rho^2 \tag{1-3c}$$

其中 $\rho = r/a$ 為光瞳平面上的一點到光瞳中心的歸一化距離，並且

$$B_d \simeq -n\Delta / 8F^2 \tag{1-3d}$$

表示為以 $F = R/2a$ 做為成像錐形光束之**焦比** (*focal ratio*) 與 **F 數** (*f-number*) 的離焦像差峰值。請注意帶有正號 B_d 的意指 Δ 為負值。因此，一個含有正號性質的離焦像差 Δ 的成像系統，可經由將觀察面由出射光瞳平面處拉至比原本具有離焦之成像面更遠之處來抵消其離焦像差，其距離為 $8B_dF^2/n$。同樣的，如果觀察的成像面位於比無離焦像差存在之成像面還接近出射光瞳平面處，其兩者

距離差距為 Δ，則正號性質之離焦像差 $B_d \simeq -n\Delta/8F^2$ 可被引入此系統。

1.5 波前傾斜

現在我們開始描述**波前傾斜** (*wavefront tilt*) 與其相對應的**傾斜像差** (*tilt aberration*) 之關係。如圖 1-4 表示，我們考慮一個其中心點在高斯像平面上 P_2 處的球面波亦剛好通過高斯成像點 P_1。在 Q_1 點的波前像差為 nQ_2Q_1，此即為本身波面與中心點在 P_1 之參考球面波的光學偏差量。很明顯的，這很小的光線像差 P_1P_2 的產生，主要是因為波面與參考球面傾斜造成彼此夾角為 β。波前傾斜可能是由 1.6 節所討論的畸變，且/或由成像系統中元件無意的傾斜所造成。光

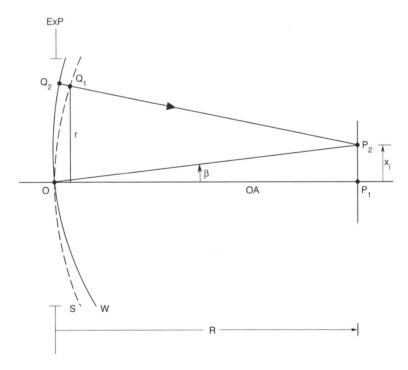

圖 1-4 波前傾斜。球面波 W 的中心在 P_2 而同時參考球面波 S 的中心在 P_1。因此，這很小的 P_1P_2，是由於兩球面傾斜，使得兩者之間夾了很小的角度 $\beta = P_1P_2/R$，其中 R 為兩球面的曲率半徑。光線 Q_2P_2 則垂直於波面上一點 Q_2。

線與波前像差可被分別寫成

$$x_i = R\beta \tag{1-4}$$

以及

$$W(r, \theta) = n\beta r \cos\theta \tag{1-5a}$$

其中 $P_1P_2 = x_i$ 和 (r, θ) 為點 Q_1 的極座標。在圖 1-4 中的波前和光線像差均為正值。

再一次的，對於半徑為 a 的圓形出射光瞳系統，(1-5a) 式可以被寫成

$$W(\rho, \theta) = na\beta\rho \cos\theta \tag{1-5b}$$

或是

$$W(\rho, \theta) = B_t\rho \cos\theta \tag{1-5c}$$

其中 $B_t = na\beta$ 是傾斜像差的峰值。需注意的是當 B_t 為正值時，其意謂著波前傾斜角 β 也是正值，因此，如果一個無像差波面的中心點在 P_2，與我們從所觀察到的 P_1 點之間，代表我們已推導出的傾斜像差 $B_t\rho \cos\theta$。

1.6 旋轉對稱系統的像差函數

一個含有旋轉對稱軸的光學成像系統像差函數 $W(r, \theta; h')$，由於 h'^2、r^2 和 $h'r \cos\theta$ 此三個**旋轉不變量** (rotational invariant)，其與物體離光軸的物高 h 及像離光軸的像高 h'，及出射光瞳平面上一點的光瞳座標 (r, θ) 有關。我們將物點與光瞳點的直角座標四階像差項稱為**初級像差** (primary aberration)，而**初級像差函數** (primary aberration function) 包括下列五項的總和，例如

$$\begin{aligned}
W(r, \theta; h') = {}_0a_{40}r^4 + {}_1a_{31}h'r^3 \cos\theta + {}_2a_{22}h'^2r^2 \cos^2\theta \\
+ {}_2a_{20}h'^2r^2 + {}_3a_{11}h'^3r \cos\theta
\end{aligned} \tag{1-6}$$

其中像差係數 $_ia_{jk}$ 的下標分別代表了 h'、r 及 $\cos\theta$ 的次方數。我們注意到由於主光線之像差必須為零 ($r = 0$)，因此不會有 h'^4 項。波前像差 W 含有長度的單位，而係數 $_ia_{jk}$ 的大小則與長度的三次方成反比。像差項的**階數** (*order*) 等於 h' 和 r 的次方數的總和，換言之，它等於物 (像) 點及光瞳點的 (x, y) 座標中的級數。由於初級像差的階數為 4，故其又被稱為**四階波像差** (*fourth-order wave aberration*)，也可稱它們為**賽德像差** (*Seidel aberration*)。光線像差與波前像差之關係，可由對空間座標之導數得到 [見 (1-1) 式]，它們的級數會降低一級。因此，初級像差也被稱為**三階光線像差** (*third-order ray aberration*)。而係數 $_0a_{40}$、$_1a_{31}$、$_2a_{22}$、$_2a_{20}$ 和 $_3a_{11}$ 分別代表**球面像差** (*spherical aberration*)、**彗星像差** (*coma*)、**像散像差** (*astigmatism*)、**場曲像差** (*field curvature*) 及**畸變像差** (*distortion*) 之係數。

　　由 (1-6) 式中，我們注意到只有球面像差與物高或像高無關。而場曲就如同在 1.4 節中討論過的離焦像差一樣，與它在光瞳之座標 (r, θ) 有關。然而，場曲即代表一種與像高 h' 有關的離焦像差，因此需要一個彎曲的成像面才能將像差消除。另一方面，單純的離焦像差則是由成像在與高斯像平面不同之平面時所產生，其與像高 h' 無關。同樣地，畸變則與波前傾斜時的光瞳座標有關。然而，畸變則與 h^3 有關，但由系統中傾斜的元件所產生的波前傾斜將與 h' 無關。

　　為了簡單起見，我們使用符號 a_s、a_c、a_a、a_d (d 表示為離焦像差) 以及 a_t (t 表示為傾斜像差)，分別代表球面像差、彗星像差、像散像差、場曲像差和畸變像差。當一半徑為 a 的圓形光瞳在光學系統中，我們可以使用歸一化半徑變數 $\rho = r/a$，省略與像高 h' 的關係式，並將初級像差改寫成下式

$$W(\rho, \theta) = A_s \rho^4 + A_c \rho^3 \cos\theta + A_a \rho^2 \cos^2\theta + A_d \rho^2 + A_t \rho \cos\theta \tag{1-7}$$

其中 A_i 項為**峰值像差係數** (*peak aberration coefficient*)，列舉如下式

$$A_s = a_s a^4, \ A_c = a_c h' a^3, \ A_a = a_a h'^2 a^2, \ A_d = a_d h'^2 a^2, \ A_t = a_t h'^3 a \tag{1-8}$$

很清楚的，當 $0 \leq \rho \leq 1$ 和 $0 \leq \theta \leq 2\pi$，峰值像差係數，即意指相對應像差最大值。此最大值會發生在光瞳邊緣上的一點，也就是時的邊緣光線。隨著像高變數在公式中的省略，場曲係數和畸變係數分別會愈來愈像所對應的離焦像差係

數與傾斜像差係數，此已在 1.4 及 1.5 節中討論。

1.7 孔徑光欄位置的改變對像差方程式的效應

現在我們考慮一個系統中的孔徑光欄改變了位置後，初級像差方程式會如何變化。我們提醒自己一條光線的波前像差即為此光線與主光線從物點傳遞到參考球面波之間的光程差。此外，主光線即為經過孔徑光欄中心點的物光。因此，當主光線隨著孔徑光欄的位置改變而改變，光線的波前像差也因而改變。

如圖 1-5 所示，考慮一光學成像系統中，有一離軸的成像 P'，其離光軸的高度為 h'。我們把孔徑光欄置於系統中，使此光欄的出射光瞳位於 ExP_1 處，則此系統的初級像差 $W_{Q1}(x_1, y_1; h')$ 即表示為通過出射光瞳平面上一點 (x, y) 的成像光線與通過出射光瞳中心 O_1 的主光線 O_1P' 之間的像差。

現在，假設我們沿著光軸將孔徑光欄移動到一個新的位置，以使其對應的新出射光瞳 ExP_2 中心位在 O_2 點。光欄位置的改變並不會改變像點 P' 的位置。我們令 L_1 及 L_2 分別為從出射光瞳平面 ExP_1 跟 ExP_2 到高斯像平面上的軸向間距。主光線 O_1P' (或是它的延伸) 與出射光瞳平面 ExP_2 相交於 O'_2 點，其直角座標為 $(x_0, 0)$，從相似三角形 $O_1O_2O'_2$ 跟 $O_1P'_0P'$ 可發現

$$x_0 = \frac{h'}{L_1}(L_1 - L_2) \tag{1-9}$$

要注意的是，因為它位於主光線上，因此 y 座標為 0，也就是位在切面 zx 平面上。

相對於主光線 Q_1P'，光線 Q_1P' 的像差代表著在 Q_1 點與 Q_1 點像差 (其被定義為零) 的差異，它也等於光線 Q_1P' 在 Q_2 點與在 O'_2 點像差的差異，其中 Q_2 點代表著光線與出射光瞳平面 ExP_2 的交點。由圖 1-5 中的幾何結構可明顯看出

$$(x_1, y_1) \simeq \frac{L_1}{L_2}(x_2 - x_0, y_2) \tag{1-10}$$

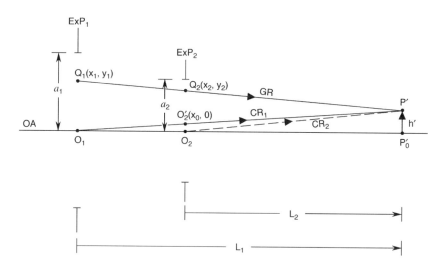

圖 1-5　出射光瞳 ExP_1 和 ExP_2 分別對應到一個將物點 P (未顯示於圖中) 成像於一離軸的高斯成像點之光學系統中孔徑光欄的兩個不同位置。而 CR_1 和 CR_2 則分別為 ExP_1 與 ExP_2 的主光線。

其中 (x_2, y_2) 為 Q_2 相對於原點 O_2 的座標。因此，相對於 O'_2 點，Q_2 點的像差可由 (1-10) 式針對 $W_{Q_1}(x_1, y_1)$ 改寫而得，即

$$W_{Q_2}(x_2, y_2) \simeq W_{Q_1}\left[\frac{L_1}{L_2}(x_2 - x_0,\ y_2)\right] \tag{1-11}$$

要注意的是，新出射光瞳上的點 $(x_0, 0)$ 的像差函數為零。為了使新的出射光瞳中心點 O_2 像差為零，我們針對新的主光線 O_2P' 定義一個新的像差函數 $W(x_2, y_2 ; h')$ (並無出現在圖 1-5 中)，即

$$
\begin{aligned}
W(x_2, y_2; h') &= W_{Q_2}(x_2,\ y_2) - W_{Q_2}(0, 0) \\
&= W_{Q_1}\left[\frac{L_1}{L_2}(x_2 - x_0,\ y_2)\right] - W_{Q_1}\left(-\frac{x_0 L_1}{L_2}, 0\right)
\end{aligned}
\tag{1-12}
$$

在 ExP_1 處的初級像差方程式可表示成

$$W_{Q_1}(x_1, y_1; h') = a_{s1}(x_1^2 + y_1^2)^2 + a_{c1}h'x_1(x_1^2 + y_1^2) + a_{a1}h'^2 x_1^2$$
$$+ a_{d1}h'^2(x_1^2 + y_1^2) + a_{t1}h'^3 x_1 \tag{1-13}$$

我們將 (1-13) 式代入 (1-12) 式中，並注意到圖 1-5 中兩個出射光瞳的半徑比相當於它們與高斯像平面之間的距離比，我們根據以下每個公式來表示舊的與新的峰值像差係數之關係

$$A_{s2} = A_{s1} \tag{1-14a}$$

$$A_{c2} = A_{c1} - 4bA_{s1} \tag{1-14b}$$

$$A_{a2} = A_{a1} - 2bA_{c1} + 4b^2 A_{s1} \tag{1-14c}$$

$$A_{d2} = A_{d1} - bA_{c1} + 2b^2 A_{s1} \tag{1-14d}$$

以及

$$A_{t2} = A_{t1} - 2b(A_{a1} + A_{d1}) + 3b^2 A_{c1} - 4b^3 A_{s1} \tag{1-14e}$$

其中

$$b = (L_1 - L_2)h'/a_1 L_2 \tag{1-15}$$

在 (1-15) 式中，a_1 為出射光瞳 ExP_1 的半徑。很明顯的在 (1-14) 式中，由於孔徑光欄位置的偏移，在光瞳座標上某種程度的差異也會引入所有較為低階的像差。例如，在球面像差中並不是只包括球面像差項，也會引入彗星像差、像散像差、場曲像差跟畸變像差。從 (1-14a) 式中，我們注意到系統中球面像差的峰值和它孔徑光欄的位置無關。(1-14b) 式表示如果系統沒有球面像差，那麼此系統的彗星像差峰值則與它孔徑光欄的位置無關。這也表示當球面像差不為零時，我們可調整孔徑光欄的位置，以使彗星像為零，其位置對應於下式

$$b = \frac{A_{c1}}{4A_{s1}} \quad \text{或} \quad \frac{L_1}{L_2} = 1 + \frac{a_{c1}}{4a_{s1}} \tag{1-16}$$

同樣地，(1-14c) 式跟 (1-14d) 式顯示當一個系統沒有球面像差及彗星像差時，它的像散像差及場曲像差的峰值與孔徑光欄的位置是無關的。最後，(1-14e) 式表示除非球面像差、彗星像差及像散像差與場曲像差之和均為零，畸變像差的峰值會與孔徑光欄的位置有關。

值得注意的是，一條光線的光程長或與其他光線的光程差，不應該隨著孔徑光欄的位置改變而改變。然而，由於主光線確實發生了變化，新的像差方程式僅能描述光線相對於新的主光線的波前像差。孔徑光欄的位置也會影響其像差與物體光線通過這個系統的多寡。事實上，為了達到高品質的成像系統，透鏡設計者會明智的選擇孔徑光欄的位置，以使得光欄可遮蔽具有非常大像差的光線，卻又不會損耗太多系統內的穿透光線。

在第四章的一個實例中，我們考慮了孔徑光欄適用的位置，當孔徑光欄位於反射球面鏡的曲率中心時，此系統僅會產生球面像差和場曲像差。此系統會在光欄位於任何其他位置時產生彗星像差、像散像差和畸變像差，若光欄位於球面鏡之曲率中心這個特定的位置上，這些像差就會變為零。實際上，在第五章中討論中，這個孔徑光欄的位置成為 **施密特相機** (*Schmidt camera*) 的基本觀念。

1.8　折射球面的像差

在本節中，我們討論折射球面的成像問題。我們對於系統中不同孔徑光欄的位置提供了高斯成像公式及初級像差展開式。從這些基礎也可在第四章中快速得到球面反射鏡成像的結果。如圖 1-6 的說明，我們考慮一個曲率半徑為 R 的折射球面 SS，球面兩邊介質的折射率分別為 n 和 n'。連接其頂點 V_0 和其曲率中心 C 的線段則稱為 **光軸** (*optical axis*)。

考慮一距離球面頂點 S 並離光軸 h 高的物點 P，並使一距離球面頂點 S' 且離光軸 h' 高的物點 P' 點為其高斯成像點。根據高斯光學，物點與像點的距離及

高度關係為

$$\frac{n'}{S'} - \frac{n}{S} = \frac{n'-n}{R} \tag{1-17a}$$

$$= -\frac{n}{f} = \frac{n'}{f'} \tag{1-17b}$$

和

$$M_t = \frac{h'}{h} = \frac{S'-R}{S-R} \tag{1-18a}$$

$$= \frac{nS'}{n'S} \tag{1-18b}$$

其中 f 和 f' 為折射球面左側與右側的**焦距** (*focal length*)，M 為像的**橫向放大率** (*transverse magnification*)。在此 f 代表當像距 S' 為無窮遠時的物距 S。同樣地，f' 代表著當物距 S 為無窮遠時的像距 S'。在光軸下方的物或像的高度為負值。(詳見附錄的符號定義)

在圖 1-6 中，孔徑光欄也是成像系統中的出射光瞳。成像的位置則位於距離出射光瞳 L 處。光線 PBP' 為物點 P 的主光線，其通過孔徑光欄，亦是出射光瞳之中心 O。入射到折射面上的點 A 並通過出射光瞳上之極座標為 (r, θ) 的一點 Q 之光線 PAP' 與 PBP' 主光線之間的像差為

$$W(A) = [PAP'] - [PBP']$$

其中的方括號表示為光程長。要注意到的是，除非 P 點的成像沒有像差，從物點 P 發出來並分別入射到折射面上 A 點及 B 點的兩條光線 PA 及 PB，經折射面折射後，可能不會通過高斯成像點 P'。如此可以表示，以光瞳面、物面及像面座標構成之四階像差函數 $W(A) = W(Q)$ 可簡化為

$$\begin{aligned}
W_s(r, \theta; h') = {} & a_{ss}r^4 + a_{cs}h'r^3\cos\theta + a_{as}h'^2r^2\cos^2\theta \\
& + a_{ds}h'^2r^2 + a_{ts}h'^3\cos\theta
\end{aligned} \tag{1-19}$$

其中

$$a_s = -\frac{n'-(n'-n)}{8n^2}\left(\frac{1}{R}-\frac{1}{S'}\right)^2\left(\frac{n'}{R}-\frac{n+n'}{S'}\right) \qquad (1\text{-}20)$$

$$a_{ss} = (S'/L)^4 a_s \qquad (1\text{-}21\text{a})$$

$$a_{cs} = 4d a_{ss} \qquad (1\text{-}21\text{b})$$

$$a_{as} = 4d^2 a_{ss} \qquad (1\text{-}21\text{c})$$

$$a_{ds} = 2d^2 a_{ss} - \frac{n'(n'-n)}{4nRL^2} \qquad (1\text{-}21\text{d})$$

$$a_{ts} = 4d^3 a_{ss} - \frac{n'(n'-n)d}{2nRL^2} \qquad (1\text{-}21\text{e})$$

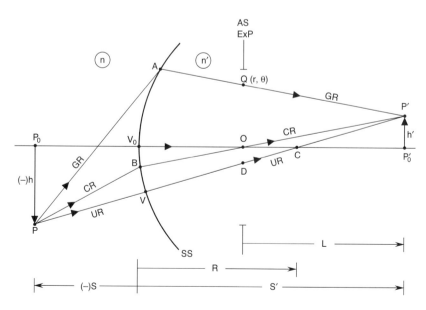

圖 1-6　一曲率半徑為 R、曲率中心在 C 處的折射球面 SS 成像，球面兩側的折射率分別為 n 和 n'。高斯像平面與孔徑光欄之距離為 L，此孔徑光欄即出射光瞳。圖中由 P 點發出的光線可協助決定其像點 P' 的位置。

以及

$$d = \frac{R - S' + L}{S' - R} \tag{1-22}$$

在這裡要注意的是，L 的長度大約為參考球面的曲率半徑，其參考球面會通過出射光瞳的中心且其曲率中心在 P'。(1-19) 式提供了高斯像高為的物點在出射光瞳面上一點 (r, θ) 的波前像差。

　　方程式 (1-21d) 右側的第二項可稱為**帕茲伐彎曲係數** (the coefficient of Petzval curvature)，我們用 a_p 來表示，即

$$a_p = -\frac{n'(n' - n)}{4nRL^2} \tag{1-23}$$

相對應的波像差可以寫成

$$W_p(r) = a_p h'^2 r^2 \tag{1-24}$$

若被觀察的像與高斯像平面在縱向的距離差為 Δ_L，那此像差會減為零，其中與 Δ_L 有關的像差可根據 (1-3b) 式求得，即

$$W_d(r) = \frac{n'}{2} \frac{\Delta_L}{L^2} r^2 = -W_p(r) \tag{1-25}$$

如果觀察到的像為光軸上一像點 P'_0，並同時位在一曲率半徑為 R_p 的球面上，則對於高度為 h' 的高斯成像點的縱向離焦 Δ_L 可藉由它在曲面上位置的**弛垂長度** (sag) 來表示

$$\Delta_L = \frac{h'^2}{2R_p} \tag{1-26}$$

比較 (1-25) 式和 (1-26) 式的 Δ_L 數值，並利用 (1-23) 式和 (1-24) 式，我們得到

$$R_p - \frac{nR}{n - n'} \tag{1-27}$$

我們注意到所謂的**帕茲伐曲率半徑** (Petzval radius of curvature) R_p，是與物體的

位置無關。在這樣考量之下的成像面則稱為**帕茲伐像面** (*Petzval image surface*)。可從 (1-21c) 式、(1-21d) 式及 (1-27) 式，我們可以導出

$$2a_{ds} - a_{as} = \frac{n'}{2R_p L^2} \tag{1-28}$$

在 7-7 節中，我們將會利用 (1-28) 式，來敘述從像散而得之在子午成像面及弧矢成像面的帕茲伐曲面。

　　將 (1-19) 式中的 h' 令為 0，我們注意到軸上物點 P_0 的成像 P'_0 只存在球面像差。這球面像差的大小並不會隨著我們將軸上物點移動至離軸而改變。注意到當孔徑光欄，即出射光瞳位於折射面處，則 $L = S'$，且 (1-21a) 式及 (1-22) 式分別可簡化為 $a_{ss} = a_s$ 和 $d = R/(S' - R)$。

　　很明顯的，從 (1-20) 式中當 $S' = (n + n')R/n$ 時，可得到 $a_s = 0$，此時亦對應到 $S = (n + n')R/n'$，於是 a_{ss}、a_{cs} 以及 a_{as} 皆為零。對於球面像差、彗星像差及像散像差皆為零的兩個共軛點，我們稱之為**消像散** (*anastigmatic*)。相信無論 R 為正或是負，對於這些消像散點的像點或是物點都是虛有的。我們注意到當 $S' = R$ 及 $S = R$ 時，球面像差也為零。然而，在本例中，彗星像差也為零，但是像散像差卻不為零是因為 (1-21c) 式右式中的 d^2 所造成。對於球面像差和彗星像差皆為零的兩個共軛點，我們稱為**等光程** (*aplanatic*)。因此，不論物或像為虛有的，在此情況下的共軛物點及像點皆為等光程。

1.9　多元件系統的像差方程式

　　考慮到一個由一組同軸的折射和 (或) 反射面組成的光學系統，每個面都會產生與它自己的 h' 及 L 值有關的初級像差。物體經由第一個面成像，並將此成像視為第二個面的物體，依此類推。像差則是由一個一個面依序計算而得，且系統的總像差可由疊加所有的面所造成的像差來得到。由於面的像差是由出射光瞳上的一點去計算而得，而光瞳面上此點的座標必須利用**光瞳放大率** (*pupil magnification*) 來轉換以得到系統中出射光瞳面上的此點像差的貢獻。同樣地，一個面的像放大率可用來得到由系統形成像高所對應的像差。

舉例來說，如果 $W_1(x_1, y_1; h_1')$ 代表對於一個高度為 h_1' 的成像在第一個面的出射光瞳平面上一點 (x_1, y_1) 的像差，它能藉由公式 $(x_1, y_1; h_1') = (x_2/m_2, y_2/m_2; h_2'/M_2)$ 轉換成高度為 h_2' 的成像以及第二個面的出射光瞳面上一點 (x_2, y_2) 的像差貢獻，其中 m_2 和 M_2 分別代表第二個面的光瞳和像放大率。因此，如果 $W_2(x_2, y_2; h_2')$ 代表對應於高度為 h_2' 的成像在出射光瞳平面上 (x_2, y_2) 點處第二面之像差貢獻，則此兩個面的總像差為

$$W_s(x_2, y_2; h_2') = W_1\left(\frac{x_2}{m_2}, \frac{y_2}{m_2}; \frac{h_2'}{M_2}\right) + W_2(x_2, y_2; h_2') \tag{1-29}$$

這個過程也能持續的取得對應於被系統將一物點成高度為的像在系統的出射光瞳面上 (x, y) 點的系統像差 $W(x, y; h')$。例如，它可以用在計算第二章中薄透鏡以及第三章中平行面板的像差。

由於透明物質的折射率會隨著光的波長而有所不同，而光線的折射角也會隨之不同。因此即使是多波長的物點被折射系統所形成的高斯成像也並非在同一點上。成像的距離及高度會隨著波長而改變，這種成像在軸向上及橫向上的延伸則分別稱作**縱向色差** (*longitudinal chromatic aberration*) 及**橫向色差** (*transverse chromatic aberration*)。它們分別描述了像在位置上與放大率上對不同顏色光的變化。在折射系統中的單色光像差也會因波長不同而變異，但是這樣的變異在波長作微小的改變時並不明顯，並且通常是可以忽略的。

1.10 　總結

利用高斯光學可以將物點經由系統得到高斯成像。藉由系統元件對系統孔徑光欄於元件前方及後方所成之像分別為入射光瞳及出射光瞳。入射光瞳決定入射至系統的光通量，而出射光瞳則決定在繞射成像中的光線分佈。從出射光瞳射出的光波波前 (即等相位面) 由從物點追跡的光線，並使這些光線行進的光程均與通過光瞳中心的主光線所行進之光程相同。若光波前為一曲率中心在高斯成像點上的球面波，則無像差或具有繞射極限的成像即形成。對於一個圓形的出射光瞳，所形成的像即稱為**艾瑞圖形** (*Airy pattern*)。在幾何光學的基礎下，

當所有光線通過高斯像點時，此成像即為一個點。

如果波前並非球面波，那麼此波前與一個對應的球面，即所謂的高斯參考球面，沿著光線方向上的差異，我們稱其為此光線的波前像差。如果光線行進的光程大於主光線的光程時，波前像差為正值。在這種情況下得到具有像差的成像，其光線並非全部都通過高斯成像點，並且會使光線在成像面上的分佈成為光點圖。而光線到高斯成像點的距離，我們稱為橫向光線像差。根據 (1-1)式，波前像差和光線像差彼此是有關係的。波前傾斜像差與光瞳面上點 (在出射光瞳平面上) 的座標呈線性之變化，而波前離焦像差則是隨光瞳面上的點到其中心距離的平方而改變。

當孔徑光欄位置改變時，光線的光程長度並不會改變，但是當主光線改變時，與其相關的像差也會隨之改變。孔徑光欄的位置也會影響通過系統的光線及光線的通量。而來自於軸上物點的光通量可藉由調整孔徑光欄的大小以維持穩定不變。儘管球面像差的峰值並無改變，但其他像差的係數仍可改變。事實上，一位透鏡設計師會很謹慎的選擇孔徑光欄的位置來阻擋具有大像差的光線進入系統，並且同時不會造成非常大的光通量損耗。

附錄：符號規則

僅管目前沒有世界普遍可接受的標準符號規則，我們將會使用卡氏 (Cartesian) 的符號規則。比起卡氏右手定則系統，它的優點就是沒有很特殊的規則需要記下來。我們的規則與 Mouroulis 及 Macdonald 一樣，但使用的方法與 Born 和 Wolf、Welford 和 Schroeder 仍有些微的不同。例如 Jenkins 和 White、Klein 和 Furtak 及 Hecht 和 Zajac，他們的符號規則就不一樣。以下為我們規則的規範：

1. 光線入射系統中，方向由左至右。
2. 參考點的右邊 (左邊) 及上方 (下方) 為正 (負)。
3. 從面的頂點到曲率中心的距離稱為曲率半徑，因此，當曲率中心位於頂點的右 (左) 邊則曲率半徑為正 (負)。

4. 當光線與光軸或曲面的法線所夾的銳角，以從光軸或曲面的法線往光線的方向掃描為逆時針 (順時針) 方向時為正 (負)。

5. 當光線由右方射向左方，如同當光線被奇數個面鏡反射，則折射率和相鄰兩表面間的距離設定為負值。

   在此整本書中，所有被定義為負值的量，都在圖中以負號 (–) 表示。

Chapter 2

薄透鏡

本章大綱

CHAPTER 2
薄透鏡

2.1 簡介

在簡易的光學成像系統中，由兩個球面所組成的**薄透鏡** (*thin lens*) 是最常用來練習及使用的元件。利用 1.8 節的結果與 1.9 節的過程，我們針對一薄透鏡及透鏡處之孔徑光欄推算其成像方程式與初級像差表示式。若孔徑光欄與透鏡不在同一個位置，則可利用 1.7 節的結果推得其像差。顯示當物與像均為實像時，除非使用非球面透鏡，否則薄透鏡的球面像差不會是零。然而，我們以一些計算的例子來說明，我們還是有可能去設計一個雙透鏡的組合，以使系統的球面像差與彗星像差均為零。在這樣的組合中，這些在透鏡上所具備的球面像差與彗星像差可抵消另一個透鏡上對應的像差，這個抵消的過程會在本章中以一個計算的例子來說明。

2.2 高斯成像

考慮一個薄透鏡由曲率半徑分別為 R_1 與 R_2 的兩個球面所組合而成，其透鏡折射率為 n，焦距為 f'，如圖 2-1 所示。當透鏡的厚度相較於其焦距 f'、R_1 與 R_2 夠小的情況時，則可被視為薄透鏡，其光軸 OA 為通過兩球面曲率中心 C_1 與 C_2 之一直線。由於此透鏡為薄透鏡，我們忽略其球面之間的間距。我們假設孔徑光欄 AS 位於透鏡處，因此其入射光瞳 EnP 與出射光瞳 ExP 亦分別位於透鏡處。由於透鏡放置於空氣之中，因此透鏡的環境折射率為 1。

考慮空間中一個物點 P 位於距離透鏡 S 處，且離光軸高度 h，薄透鏡的第一個表面將物點 P 成像於 P'，而第二表面再 P' 成像於 P''。利用 1.8 節中物體被透鏡兩個表面成像的結果，其中第一個表面的折射率 $n = 1$ 以及 $n' = n$；而對第二表面而言，$n = n$ 和 $n' = 1$，我們可以由下列關係式得知像距 S' 與像高 h' 分別為

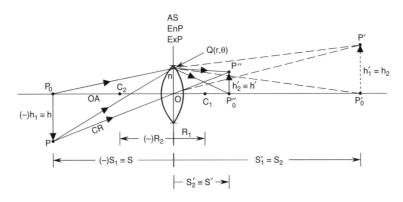

圖 2-1　物體經由折射率為 n，曲率半徑分別是 R_1 與 R_2，曲率中心為 C_1 與 C_2 的兩個球面組成的薄透鏡成像。其中 R_1 為正值，R_2 是負值，$P'_0 P'$ 是物體 $P_0 P$ 經由第一個表面而形成的高斯成像，$P''_0 P''$ 則是虛物 $P'_0 P'$ 由第二表面所形成的成像。孔徑光欄 AS、入射光瞳 EnP、出射光瞳 ExP 均位於透鏡處。

$$\frac{1}{S'} - \frac{1}{S} = (n-1)\left(\frac{1}{R_1} - \frac{1}{R_2}\right) \tag{2-1a}$$

$$= \frac{1}{f'} \tag{2-1b}$$

以及

$$M = \frac{h'}{h} = \frac{S'}{S} \tag{2-2}$$

其中 M 為像放大率。需要注意的是，我們可以求出 (2-1b) 式，因為根據定義，**焦距** (*focal length*) f' 為當物體位於無窮遠處時的像距。

2.3　初級像差

　　相對於通過出射光瞳中心 O 的主光線 POP''，物體光線 PQP'' 會經過位於出射光瞳平面上的 Q 點，其極座標為 (r, θ)，而兩者間存在的像差為

$$W(Q) = [PQP''] - [POP'']$$

注意到當 *P′O* 與 *P′Q* 為虛有的光線時，則光程長 [*P′O*] 與 [*P′Q*] 為負值，則光線的像差可由這兩個球面所形成的像差而寫成為

$$W(Q) = \{[PQP'] - [POP']\} + \{[P'QP''] - [P'OP'']\}$$

利用 1.8 節對球面透鏡成像的結果與 1.9 節的推導過程，我們可將薄透鏡的初級像差表示成

$$W(r, \theta ; h') = a_s r^4 + a_c h' r^3 \cos\theta + a_a h'^2 r^2 \cos^2\theta + a_d' h'^2 r^2 + a_t h'^3 r \cos\theta \quad (2\text{-}3)$$

其中

$$a_s = -\frac{1}{32n(n-1)f'^3}\left[\frac{n^3}{n-1} + (3n+2)(n-1)p^2 + \frac{n+2}{n-1}q^2 + 4(n+1)pq\right] \quad (2\text{-}4a)$$

$$a_c = -\frac{1}{4nf'^2 S'}\left[(2n+1)p + \frac{n+1}{n-1}q\right] \quad (2\text{-}4b)$$

$$a_a = -\frac{1}{2f'S'^2} \quad (2\text{-}4c)$$

以及

$$a_d = \frac{1}{2}a_a - \frac{1}{4nf'S'^2} \quad (2\text{-}4d)$$

注意到由 (2-3) 式可知不含畸變像差項，換言之，若一薄透鏡搭配一個放置於透鏡處的孔徑光欄，則此系統並不會產生任何的畸變像差。而上述各係數中的 *p* 和 *q* 則分別代表薄透鏡的**位置因子** (*position factor*) 與**形狀因子** (*shape factor*)，此兩者分別表示為

$$p = -\frac{2f'}{S_1} - 1 \quad (2\text{-}5a)$$

$$= 1 - \frac{2f'}{S_2} \quad (2\text{-}5b)$$

以及

$$q = \frac{R_2 + R_1}{R_2 - R_1} \tag{2-6}$$

圖 2–2 與圖 2–3 分別列舉出多種位置因子與形狀因子所代表的透鏡種類，圖中所示包含了凸、凹透鏡 (正、負透鏡)，透鏡名稱亦被註明在圖 2–3 之中。

從 (2-4c) 式以及 (2-4d) 式中可知，像散和場曲係數與透鏡位置和形狀因子無關。此外，像散係數與透鏡折射率參數無關，而場曲係數小於像散係數的 $(n + 1) / 2n$ 倍。

2.4 球面像差與彗星像差

由 (2-4a) 式以及 (2-4b) 式所示，薄透鏡的球面像差和彗星像差均與透鏡位置、形狀因子相關。對於一特定之位置因子，對應於最小球面像差的形狀因子的值可由下列條件計算

$$\frac{\partial a_s}{\partial q} = 0 \tag{2-7}$$

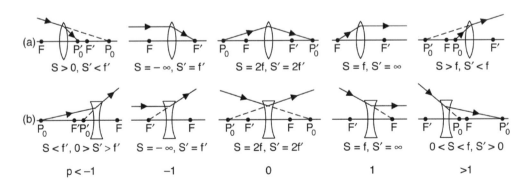

圖 2-2 薄透鏡的位置因子 $1 < p < -1$。(a) 正透鏡，即 $f' > 0$；(b) 負透鏡，即 $f' < 0$；F 與 F' 分別為像空間焦距為 f' 之透鏡在物空間與像空間的焦點位置。P_0 與 P'_0 則分別代表軸上的物點以及其像點，而 S 與 S' 是代表物與像距透鏡中心的距離，其中 $f = -f'$。

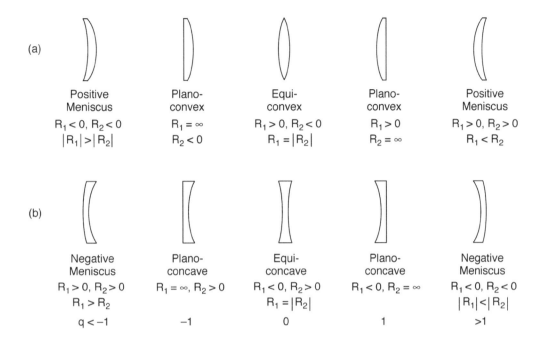

圖 2-3 薄透鏡的形狀因子 $1 < q < -1$，其球面曲率半徑分別是 R_1 與 R_2。(a) 正透鏡；(b) 負透鏡。

因此我們可得到

$$q_{\min} = -2p\frac{n^2 - 1}{n + 2} \tag{2-8}$$

將 (2-8) 式代入 (2-4a) 式，我們可得到相對應**最小球面像差** (*minimum spherical aberration*) 為

$$a_{s\min} = -\frac{1}{32f'^3}\left[\left(\frac{n}{n-1}\right)^2 - \frac{n}{n+2}p^2\right] \tag{2-9}$$

我們注意到，在給予一個特定的 p 值，我們可將 (2-4a) 式中 a_s 視為 q 的拋物線方程式，而其對應之頂點為 (q_{min}, a_{smin})。對於不同的 p 值，其拋物線外形雖然相同，但有不同之頂點。很明顯的，從 (2-5a) 式與 (2-5b) 式，當物體與影像均為實像時，

$$-1 \leq p \leq 1 \text{ 或 } p^2 \leq 1 \tag{2-10}$$

　　如圖 2–2 所示，$p = -1$ 是對應到物體在無窮遠處，其透鏡的成像於焦平面處的情況。同樣地，$p = 1$ 對應到物體在焦平面處及成像位於無窮遠處，而 $p = 0$ 則對應到物體與其透鏡成像分別位在 $2f$ 及 $2f'$ 處的情況。為了使球面像差為零，(2-9) 式可寫成

$$p^2 = \frac{n(n+2)}{(n-1)^2} > 1 \tag{2-11}$$

因此，當物體與它的成像都是實像時，則薄透鏡的球面像差不能為零。

　　對於一個折射率 $n = 1.5$ 的薄透鏡，(2-4a) 式、(2-8) 式與 (2-9) 式可分別簡化為

$$a_s = -\frac{1}{24f'^3}(6.75 + 3.25p^2 + 7q^2 + 10pq) \tag{2-12a}$$

$$q_{\min} = -(5/7)p \tag{2-12b}$$

以及

$$a_{s\min} = -\frac{1}{32f'^3}\left(9 - \frac{3}{7}p^2\right) \tag{2-12c}$$

圖 2–4 所示為當 $p = 0$ 時，隨著 q 值的改變所對應之球面像差是呈拋物線的變化，而球面像差的最小值是發生於 $q = 0$ 情況下，即為一雙凸透鏡。如同先前指出，對於其他不同的 p 值，隨 q 改變的球面像差變化可對應出同樣形態但不同頂點 $(q_{\min}, a_{s\min})$ 之拋物線變化，其頂點位置與 p 有關。這些拋物線的頂點位置，我們以 $a_{s\min}$ 對 q 的函數來表示在圖 2–4 中較低的拋物線上，此函數可由 (2-12b) 式代入 (2-12c) 式來求得，曲線上的黑點則表示不同的 p 值。當 $|p| = \sqrt{21}$ 時，球面像差的最小值會趨近於零，隨著 $|p|$ 值再增加，球面像差值將轉變為負值。

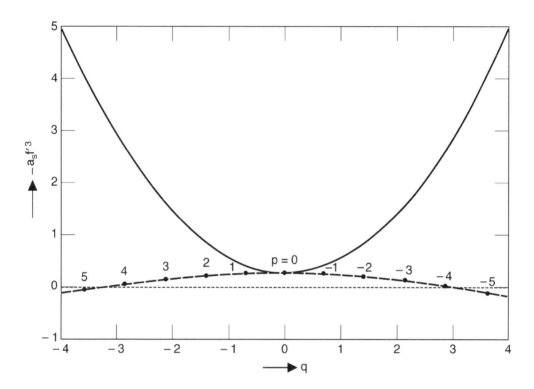

圖 2-4 薄透鏡的球面像差隨形狀因子 q 在 p = 0 時呈現拋物線變化。用較低的拋物曲線來表示球面像差最小值隨 q 的變化；一些 P 值的結果都標示在這條曲線上。

依據 (2-4b) 式來看，當薄透鏡位置因子與形狀因子之間的關係如下式所列，其彗星像差為零

$$q = -\frac{(2n-1)(n-1)}{n+1}p \tag{2-13}$$

對於折射率 n = 1.5 的透鏡而言，(2-4b) 式和 (2-13) 式可分別被簡化為

$$a_c = -\frac{1}{6f'^2 S'}(4p + 5q) \tag{2-14}$$

以及

$$q = -0.8p \tag{2-15}$$

而在 $p = -1$ 情況下，要讓球面像差為最小值 ($q_{min} = 0.71$) 與彗星像差為零 ($q = 0.8$) 所對應的 q 值幾乎是相同的。所以針對平行光入射的情況來說，若設計一個沒有彗星像差的透鏡，實際上亦可得到最小的球面像差。我們也可能可以設計並結合兩個薄透鏡，使其中一個透鏡上的球面像差與彗星像差去消除另一透鏡上相對應的球面像差與彗星像差。這部分將在下一節中藉由一些數值計算範例來敘述說明。

2.5　數值問題

2.5.1　薄透鏡聚焦平行光束

以一個計算範例來說明，我們先決定折射率為 1.5 的薄透鏡曲率半徑，以將平行光束聚焦於距離透鏡 15 cm 處，並同時達成最小的球面像差。根據 (2-5) 式，對於平行光束而言，$p = -1$。我們將此數值代入 (2-12b) 式，可以得到當 $q_{min} = 5/7$ 時會有最小球面像差，(2-6) 式因此可表示成

$$\frac{R_2}{R_1} = \frac{q+1}{q-1} = -6 \tag{2-16}$$

由 於 $f' = 15$ cm， 利 用 (2-1a) 式 和 (2-1b) 式 可 得 到 $R_1 = 8.75$ cm 以 及 $R_2 = -52.50$ cm，其近似一個**平凸透鏡** (*plano–convex lens*)，而其凸面面向入射光源。根據 (2-3) 式與 (2-12c) 式，對於一個直徑 2 cm 的透鏡，可得到其球面像差峰值 $A_s = -0.79\,\mu m$ 之結果。聚焦光線的其它初級像差則可由 (2-3) 式和 (2-4) 式求得；因此，舉例來說，可以看到的是，對於平行光以離光軸夾 5 度之入射角入射透鏡，其對應於高度為 1.31 cm 的像，其彗星像差、像散像差和場曲像差的峰值分別為 $A_c = 0.28\,\mu m$、$A_a = -2.5\,\mu m$ 以及 $A_d = -2.1\,\mu m$。此透鏡若附有一孔徑光欄位於透鏡處，則此不會產生任何的畸變。可能要注意的是，若把透鏡相對較平坦的一面轉向面對入射光源，其焦距不會改變，但其形狀因子正負值會變號，所以球面像差與彗星像差會因此改變。

2.5.2 等光程雙合透鏡聚焦平行光束

由於薄透鏡的球面像差隨 f'^{-3} 的關係而改變，故利用焦距互為異號之組合透鏡是有可能使其像差為零。為校正球面像差所設計的**雙合透鏡** (*doublet*) 亦可同時修正彗星像差。舉例來說，我們現在使用兩個折射率為 1.5 的薄透鏡將平行光束聚焦，其中一個透鏡的曲率半徑分別為 9.2444 cm 與 –15.5197 cm，而另一個為 –9.5618 cm 與 –15.3120 cm，將這兩個透鏡彼此接觸結合，可以獲得焦距為 15*cm* 且沒有球面像差與彗星像差的結果。將透鏡折射率、及曲面的曲率半徑代入 (2-1) 式，我們得到兩個透鏡焦距分別為 $f'_1 = 11.5870$ cm 與 $f'_2 = -50.9235$ cm，故雙合透鏡焦距 $f'^{-1} = f'^{-1}_1 + f'^{-1}_2$ 求得，則 $f' = 15$ cm。兩透鏡形狀因子分別為 $q_1 = 0.2534$ 以及 $q_2 = 4.3257$。對於入射的平行光，第一個透鏡的位置因子為 $p_1 = -1$。將 n、p_1 以及 q_1 代入 (2-12a) 式，我們可以得到第一個透鏡的球面像差係數是 $a_{s1} = -2.1201 \times 10^{-4}\,\mathrm{cm}^{-3}$；由於第二個透鏡將平行光聚焦至 $S'_2 = 15$ cm 之處，其位置因子為 $p_2 = 1 - 2f'_2/S'_2$ 或是 $p_2 = 7.7898$，將 n、p_2 以及 q_2 代入 (2-12a) 式，我們可得到第二個透鏡的球面像差係數是 $a_{s2} = 2.1201 \times 10^{-4}\,\mathrm{cm}^{-3}$，與第一個透鏡所對應之像差係數等值異號，因此，雙合透鏡所造成的球面像差為零。

現在我們考慮由兩個透鏡以及雙合透鏡所形成之彗星像差。第一個透鏡可將平行光束聚焦至離透鏡 S'_1 處，且 $S'_1 = f'_1$。利用 (2-14) 式，我們可以得到第一個透鏡彗星像差係數，即 $a_{c1} = 2.9281 \times 10^{-4}\,\mathrm{cm}^{-3}$。同樣地，對於第二個透鏡，其彗星像差係數為 $a_{c2} = -2.2618 \times 10^{-4}\,\mathrm{cm}^{-3}$。若一光束以夾光軸入射角度為 β 入射一個薄雙合透鏡，則第一個透鏡會將平行光束聚焦於距光軸高度 $h'_1 = \beta f'_1$ 之處。而第二個透鏡則是將其成像於 h'_2 的高度。此高度可利用 (2-2) 式推算得到，即 $h'_2/h'_1 = -S'_2/S_2 = S'_2/S'_1 = f'/f'_1 = 1.2946$。若以代表薄雙合透鏡上任意點的極座標位置，則由此兩透鏡所造成的彗星像差可以寫成

$$W_{c1}(r, \theta) = a_{c1} h'_1 r^3 \cos\theta$$
$$= 2.2618 \times 10^{-4}\, h'_2 r^3 \cos\theta \tag{2-17a}$$

以及

$$\begin{aligned}W_{c2}(r, \theta) &= a_{c2}h'_2 r^3 \cos\theta\\ &= -2.2618 \times 10^{-4}\,h'_2\,r^3\cos\theta\end{aligned} \tag{2-17b}$$

雙合透鏡的彗星像差可由下式得到

$$W_c(r, \theta) = W_{c1}(r, \theta) + W_{c2}(r, \theta) = 0 \tag{2-18}$$

因此，雙合透鏡的球面像差與彗星像差均為零，我們稱這樣的系統為**等光程**(*aplanatic*) 光學系統。

　　最後，我們考慮雙合透鏡的像散像差和場曲像差。我們將兩個透鏡的像距與焦距代入 (2-4c) 式，可得到它們的像散像差係數 $a_{a1} = -3.2141 \times 10^{-4}\,\text{cm}^{-3}$ 以及 $a_{a2} = 4.3638 \times 10^{-5}\,\text{cm}^{-3}$。於是，在雙合透鏡平面上一點位置 (r, θ) 的像散像差可寫成

$$\begin{aligned}W_a(r, \theta\,;\,h'_2) &= W_{a1}(r, \theta\,;\,h'_1) + W_{a2}(r, \theta\,;\,h'_2)\\ &= a_{a1}h'^2_1 r^2 \cos^2\theta + a_{a2}h'^2_2 r^2 \cos^2\theta\\ &= (0.5967a_{a1} + a_{a2})\,h'^2_2\,r^2\cos^2\theta\\ &= -1.4815 \times 10^{-4}\,h'^2_2\,r^2\cos^2\theta\end{aligned} \tag{2-19}$$

對於一條光束以離光軸夾 5 度角入射雙合透鏡，我們得到 $h'_2 = 1.31\text{cm}$。因此，若光束直徑 2 cm，像散像差峰值約為 $A_a = -2.54\,\mu\text{m}$。比較 (2-4c) 式與 (2-4d) 式，其對應的場曲像差可由 A_a 乘上 $(n+1)\,/\,2n$ 得到，因此 $A_d = -2.12\,\mu\text{m}$。

2.6　總結

　　薄透鏡一般是由兩個球面所組成，且其厚度可忽略不計。當物與像均為實像時，薄透鏡所對應的球面像差不為零。然而，當此像差隨透鏡焦距的三次方而改變，我們可以藉由結合兩個焦距異號的透鏡而使像差為零。雙合透鏡，就如上述所說，可以消除彗星像差，並成為一個等光程光學系統。

Chapter 3

平面平行板的像差

本章大綱

CHAPTER 3
平面平行板的像差

3.1 簡介

在第二章中，我們考慮了由兩個球面所組成的薄透鏡之成像性質。現在，我們再來考慮**平面平行板** (*plane-parallel plate*) 的成像，平面平行板即此平板的兩個表面互相平行，且其表面的曲率半徑無限大。與透鏡不同的是，這樣的平板本身不用於成像，但是它也常用在成像系統中，如分光鏡或是光窗。當我們忽略平面平行板的厚度，平面平行板成像與像差的關係，卻不能由將第二章中提及的薄透鏡之曲率半徑設定為無限大而取得。然而，如同以下討論，其關係可由 1.8 節中應用於兩個表面上之結果結合 1.9 節討論的結果而取得。我們可以看到物體經平板成像後，物體與成像間的距離，我們稱為**影像位移量** (*image displacement*)，此位移量與物體的位置無關，且當物距無窮大時，其成像的像差趨近於零。因此，將一個平面平行板放置在一聚焦光束的路徑上，不只會使焦點偏移一定的量，也會引入像差。但對於準直光束的情況而言，平面平行板僅會使光束產生偏移的現象，而不會引入任何像差。

3.2 高斯成像

如圖 3-1 所示，我們考慮一個平面平行板，其厚度為 t，折射率為 n，將物點放置於距平板前表面 S、離光軸 h 高度處成像。我們將半徑為 a 的孔徑光欄放置於平板的前表面上。首先，我們決定經平板成像後的成像位置。我們利用 (1-17) 式與 (1-18) 式來決定影像位置與高度。對第一個表面而言，$n_1 = 1$、$n'_1 = n$ 以及 $R_1 = \infty$，因此，其平面將物點 P 成像於 P'，關係式如下

$$S'_1 = nS_1 \equiv nS \qquad (3\text{-}1)$$

和

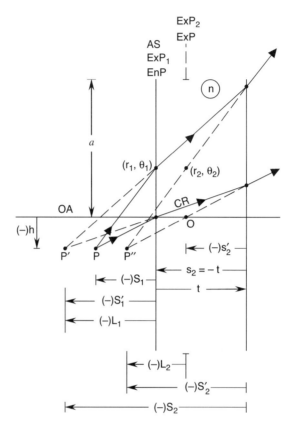

圖 **3-1** 物點 P 經由一折射率為 n 之平面平行板，並於平板第二面後成像於 P'，孔徑光
欄 AS 與入射光瞳 EnP 也因此位於平板的第一表面處，括號中的負號代表該參
數為負值。

$$M_1 = h'_1 / h_1 = n_1 S'_1 / n'_1 S_1 = 1 \tag{3-2}$$

其中 $h_1 \equiv h$。對第二個表面而言，$n_2 = n$、$n'_2 = 1$、$R_2 = \infty$ 以及 $S_2 = S'_1 - t$。因
此，其平面將物點 P' 成像於 P'' 處，其關係式為

$$S'_2 = S_2 / n = (S'_1 - t) / n \tag{3-3}$$

和

$$M_2 = h'_2 / h'_1 = n_2 S'_2 / n'_2 S_2 = 1 \tag{3-4}$$

將 (3-1) 式之 S'_1 代入 (3-3) 式，其中要注意的是 S'_2 為負值，最終由物體成像的影像位移量 PP'' 可寫成

$$PP'' = -S_1 - (-S'_2 - t)$$
$$= t(1 - 1/n)$$

(3-5)

因此，影像位移量與物距 S 無關，它僅與平面平行板的厚度與折射率相關。

接著我們決定平板兩個表面光瞳位置與放大率。由於孔徑光欄位於第一個表面處，因此系統入射光瞳 EnP 亦位於該處。此外，該表面的入射光瞳 EnP_1 與出射光瞳 ExP_1 亦位於此表面上。第二表面的入射光瞳 EnP_2 為第一個表面的出射光瞳 ExP_1，而此表面的出射光瞳 ExP_2 即為 EnP_2 對其表面的成像。因此，令 $n_2 = n$、$n'_2 = 1$、$s_2 = -t$ 以及 $R_2 = \infty$，我們可由 (1-17) 式與 (1-18) 式得知 ExP_2 位於距第二平面 $s'_2 = -t/n$ 之處，且其放大率 $m_2 = 1$。當然，ExP_2 亦是此系統出射光瞳 ExP。顯而易見的是，對第一個面來說，ExP_1 與像點 P' 間的距離 L_1 等同於它與表面的距離 S'_1。對於第二個面來說，P'' 與 ExP_2 之間的距離 L_2 可表示為

$$L_2 = S'_2 - s'_2$$

(3-6a)

由於 L_2、S'_2、s'_2 皆為負值，將 S'_2 與 s'_2 代入可得

$$L_2 = S$$

(3-6b)

現在我們要用上述結果去決定平板所產生的像差。

3.3 初級像差

首先，我們決定在 ExP_1 平面上一點 (r_1, θ_1) 受第一個面所貢獻的像差 $W_1(r_1, \theta_1; h'_1)$。令 $n_1 = 1$、$n'_1 = n$ 以及 $R_1 = \infty$，由 (1-20) 式可得

$$a_{s1} = \frac{n(n^2 - 1)}{8S'^3_1}$$

(3-7)

此外，(1-22) 式可簡化成 $d_1 = -1$，且由於 $S'_1 = L_1$，(1-21a) 式則簡化成 $a_{ss1} = a_{s1}$。帕茲伐貢獻場曲和畸變像差表示 (1-21d) 式以及 (1-21e) 式右邊第二項為零。因此，對於第一個表面，(1-19) 式可表示成

$$W_1(r_1, \theta_1; h'_1) = a_{s1}(r_1^4 - 4h'_1 r_1^3 \cos\theta_1 + 4h'_1 r_1^2 \cos^2\theta_1 + 2h'^2_1 r_1^2 - 4h'^3_1 r_1 \cos\theta_1)$$

$$(3\text{-}8)$$

接著我們決定在 ExP_2 平面上一點 (r_2, θ_2) 受第二個面所貢獻的像差 $W_2(r_2, \theta_2; h'_2)$。令 $n_2 = n$、$n'_2 = 1$ 以及 $R_2 = \infty$，對此表面，由 (1-20) 式可推得

$$a_{s2} = \frac{n^2 - 1}{8n^2 S'^3_2} \tag{3-9}$$

再一次地，(1-22) 式可被簡化，而場曲像差、畸變像差的帕茲伐貢獻為零。因此，對於第二表面，(1-19) 式可表示成

$$W_2(r_2, \theta_2; h'_2) = a_{ss2}(r_2^4 - 4h'_2 r_2^3 \cos\theta_2 + 4h'_2 r_2^2 \cos^2\theta_2 + 2h'^2_2 r_2^2 - 4h'^3_2 r_2 \cos\theta_2)$$

$$(3\text{-}10)$$

其中

$$a_{ss2} = (S'_2 / L_2)^4 a_{s2} \tag{3-11}$$

最後，我們結合平板的兩個表面所引入的像差來取得整個平板的像差。由於 m_2 與 M_2 均等於一，$(r_1, \theta_1) = (r_2, \theta_2)$ 以及 $h'_2 = h'_1 = h$。因此，依據 (1-29) 式，平面平行板在出射光瞳平面上一點 (r, θ) 所造成的像差可表示成

$$W(r, \theta; h) = W_1(r, \theta; h) + W_2(r, \theta; h) \tag{3-12}$$

將 (3-8) 式、(3-10) 式代入 (3-12) 式，我們可將初級像差方程式表示成

$$W(r, \theta; h) = a_s(r^4 - 4hr^3 \cos\theta + 4h^2 r^2 \cos^2\theta + 2h^2 r^2 - 4h^3 r \cos\theta) \tag{3-13}$$

其中

$$a_s = a_{s1} + (S'_2 / L_2)^4 a_{s2} \tag{3-14}$$

將 (3-1) 式、(3-3) 式、(3-6b) 式、(3-7) 式與 (3-9) 式代入 (3-14) 式中，我們可得到

$$a_s = \frac{(n^2-1)t}{8n^3S^4} \tag{3-15}$$

注意到像差會隨平板厚度 t 呈線性增加。此外，如預期的是，對於準直入射光的像差會是零 ($S \rightarrow \infty$)，這確實也是為何光學設計者會將分光元件或光窗盡可能的放置在成像系統內準直光線分布的空間中的原因。

3.4　數值問題

　　如同計算的範例可知，由圖 3-2 所示，我們決定平面平行板在匯聚光束中的像差。其平板折射率為 $n = 1.5$、厚度 1 cm、直徑 4 cm。若未放置平面平行板，光束會匯聚於離前表面 8 cm，距光軸高度為 0.5 cm 的 P 點。從 (3-5) 式

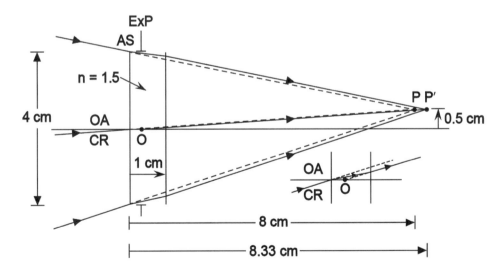

圖 3-2　在收斂光束中的平面平行板。原本應該朝 P 點匯聚的光線，經入射平板並折射後，匯聚點由 P 變成 P'。

中，我們發現平板位移了像點 P 至點 P'，而 P' 點的高度與 P 點相同，但它的位置卻位在距離前表面 8.33 cm 處。我們將 n、t、和 $S = 8$ 代入 (3-15) 式，我們可得到 $a_s = 1.33 \times 10^{-5}\, \mathrm{cm}^{-3}$，其中最大 r 值為 2 cm。利用 (3-13) 式，我們可以推得初級像差極值為 $A_s = 1.81\ \mu\mathrm{m}$、$A_c = -1.81\ \mu\mathrm{m}$、$A_a = 0.45\ \mu\mathrm{m}$、$A_d = 0.23\ \mu\mathrm{m}$ 以及 $A_t = -0.11\ \mu\mathrm{m}$。

3.5　總結

　　平面平行板通常被應用作為成像系統中的分光鏡或是光窗。當其被安置於準直光線的空間中，其像差為零。然而，若將平面平行板放置於收斂或發散光束中，就會引入像差。其初級像差如 (3-13) 式所示被引入，而其像差量是隨著平板厚度呈線性增加。

Chapter 4

球面鏡的像差

本章大綱

CHAPTER 4
球面鏡的像差

4.1 簡介

　　到目前為止我們已考慮包括第一章的球面折射面，第二章的薄透鏡，以及第三章的平面平行板等成像系統。現在我們考慮一個球形反射面，即**球面鏡**(*spherical mirror*) 的特性，這些特性可藉由類似於球面折射面的成像推導過程得到。然而，反射面所對應的幾何條件有別於折射面把光線偏折進入另一個介質，光線入射球面鏡後將被反射回同一介質之中，藉此可明確地繪製出在系統中的物體與影像光線，不需要盲目地利用反射面成像以及像差關係。在這一章中我們將推導出關係式，描述在球面鏡系統中，孔徑光欄上任意位置的初級像差。此關係式適用於兩個特定情況，其一為孔徑光欄位於球面，而另一情況為孔徑光欄在曲率中心位置。可以得知當孔徑光欄在球面時，場曲像差、畸變像差是零；而當孔徑光欄在曲率中心時，彗星像差、像散像差、畸變像差為零。我們亦將以數值範例闡述這些結果。

4.2 初級像差函數

　　考慮一個球面鏡成像系統中，面鏡曲率半徑為 R，焦距為 f'。令孔徑光欄與其對應之出射光瞳位置如圖 4-1 所示，而通過面鏡曲率中心 C、孔徑光欄中心，和出射光瞳中心 O 的直線則為系統光軸。考慮一個物體位於距面鏡頂端 V_0 為 S 處，物點 P 的高度距光軸是 h，則其高斯像點 P' 之距離 S' 與高度分別由下式得到

$$\frac{1}{S'} + \frac{1}{S} = \frac{2}{R} = \frac{1}{f'} \tag{4-1}$$

以及

$$M = \frac{h'}{h} = \frac{S' - R}{S - R} \tag{4-2a}$$

$$= -S'/S \tag{4-2b}$$

其中 M 為像放大率。

　　一道由物體射出的光線入射面鏡上 A 點，再通過出射光瞳平面上的 Q 點，具有極座標 (r, θ)，相對於通過出射光瞳中心 O 的主光線，其對應的像差 $W(Q)$ 可寫成

$$W(Q) = [PAP'] - [PBP']$$

可以表明，在光瞳、物體以及影像座標，像差 $W(A) = W(Q)$ 可以簡化成

$$W_s(r, \theta; h') = a_{ss}r^4 + a_{cs}h'r^3\cos\theta + a_{as}h'^2 r^2 \cos^2\theta + a_{ds}h'^2 r^2 + a_{ts}h'^3 r\cos\theta \tag{4-3}$$

其中

$$a_s = \frac{n}{4R}\left(\frac{1}{R} - \frac{1}{S'}\right)^2 \tag{4-4a}$$

$$= \frac{1}{4R}\left(\frac{1}{R} - \frac{1}{S'}\right)^2 \tag{4-4b}$$

$$a_{ss} = (S'/L)^4 a_s \tag{4-5a}$$

$$a_{cs} = 4da_{ss} \tag{4-5b}$$

$$a_{as} = 4d^2 a_{ss} \tag{4-5c}$$

$$a_{ds} = 2d^2 a_{ss} - \frac{n}{2RL^2} \tag{4-5d}$$

$$a_{ts} = 4d^3 a_{ss} - \frac{d}{RL^2} \tag{4-5e}$$

$$d = \frac{R - S' + L}{S' - R} \tag{4-6}$$

以及 L 為出射光瞳平面到高斯像平面的距離，因此它在圖 4-1 中為正值。由上述所列式子我們可知當 $d=0$ 時，除非 a_s 是零，才會使彗星像差、像散像差、畸變像差為零。在 4-4 節中的討論中，這會發生於當面鏡之孔徑光欄在曲率中心的情況。類似球面折射面的情況，當物體位在曲率中心時，即 $S = -R$，球面像差與彗星像差為零。

將 (4-1) 式至 (4-6) 式與 (1-17) 式至 (1-22) 式比較，我們注意到將折射面的結果中，設定 $n=1$(即反射面鏡位於空氣中) 與 $n' = -1$(負號代表反射)，即可推算出反射面所對應的參數值。

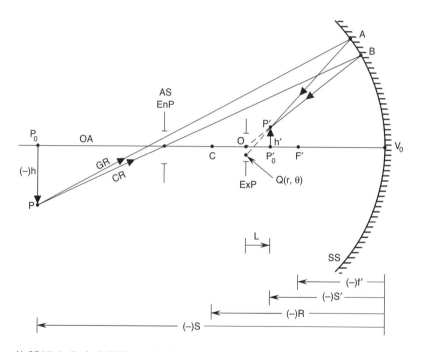

圖 4-1 物體經由曲率半徑為 R 的球面鏡成像，通過孔徑光欄 AS 中心以及面鏡曲率中心 C 的直線定義為系統光軸 OA，主光線 CR 是來自物點 P，並通過孔徑光欄的中心。

4.3　孔徑光欄位於鏡面

若孔徑光欄位於鏡面，如圖 4-2 所示，入射光瞳以及出射光瞳亦位於該位置，因此 $L = S'$，$a_{ss} \rightarrow a_s$ 以及 $d \rightarrow R/(S' - R)$。依據 (4-3) 式的初級像差函數則可變成

$$W_s(r, \theta; h') = \frac{1}{4R}\left(\frac{1}{R} - \frac{1}{S'}\right)^2 r^4 + \frac{S' - R}{R^2 S'^2} h' r^3 \cos\theta + \frac{1}{RS'^2} h'^2 r^2 \cos^2\theta \qquad (4\text{-}7)$$

它代表圖 4-2 中，相較於主光線 $PV_0 P'$ 和 PQP' 的光程差，其中場曲像差、畸變像差是零。

若物體位於無窮遠，如同天文觀測的情形來說，則

$$S' = R/2 = f' \qquad (4\text{-}8)$$

以及

$$d = -2 \qquad (4\text{-}9)$$

若此物體方位對應於光軸之夾角為 β，則

$$h' = -\beta f' \qquad (4\text{-}10)$$

將 (4-8) 式至 (4-10) 式代入 (4-7) 式，我們得到物體位於無窮遠處，並與光軸夾角為 β 的球面鏡初級像差為

$$W_s(r, \theta; \beta) = \frac{1}{32 f'^3} r^4 + \frac{1}{4 f'^2} \beta r^3 \cos\theta + \frac{1}{2 f'} \beta^2 r^2 \cos^2\theta \qquad (4\text{-}11)$$

4.4　孔徑光欄位於曲率中心

若孔徑光欄位於面鏡的曲率中心，如圖 4-3 所示，入射光瞳亦位於該處。孔徑光欄經面鏡成像之出射光瞳亦位於曲率中心位置，這可藉由令 (4-1) 式中之 $S = R$ 得到。影像則因為是在出射光瞳右側，故其與出射光瞳的距離 L 為負值，於是可得到

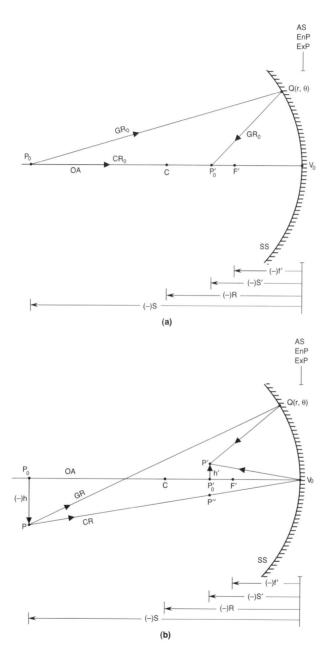

圖 4-2 與圖 4-1 同為物體經由曲率半徑為 R 的球面鏡成像，不同之處在於孔徑光欄位
於鏡面，而軸上物點的成像情形亦被描述於圖中。

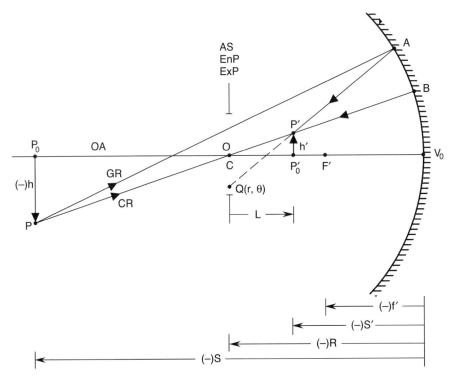

圖 4-3　與圖 4-1 同為物體經由曲率半徑為 R 的球面鏡成像，不同之處在於孔徑光欄位
於面鏡的曲率中心 C。

$$L = S' - R \tag{4-12}$$

所以 (4-5a) 式與 (4-6) 式分別變成

$$a_{ss} = \frac{S'^2}{4R^3(S' - R)^2} \tag{4-13}$$

以及

$$d = 0 \tag{4-14}$$

令 (4-5b) 式至 (4-5e) 式中 $d = 0$，所得結果代入 (4-3) 式，我們得到初級像差函數
為

$$W_s(r; h') = \frac{S'^2 r^4}{4R^3(S' - R)^2} - \frac{h'^2 r^2}{2R(S' - R)^2} \tag{4-15}$$

於是可看出當球面鏡的孔徑光欄位於曲率中心時,其彗星像差、像散像差以及畸變像差為零。此凹面鏡具有數值為負值之球面像差以及數值為正值之場曲像差。若影像是被成像於距鏡面 S',曲率半徑為 $R/2$ 的球面,那麼 (4-15) 式右邊第二項場曲像差亦被消除,則此球面成像表面為**帕茲伐像面** (*Petzval image surface*)。要注意的是,從 (4-7) 式至 (4-15) 式,r 的最大值,即出射光瞳半徑,乘上一個因子 $(S - R)/S$ 或 $-(S' - R)/S'$,以維持球面像差最大值不因孔徑光欄位置不同而改變。

對於一個位於無窮遠的物點,

$$S' = R/2 \tag{4-16}$$

因此

$$L = -R/2 \tag{4-17}$$

且其成像表面曲率半徑為 $R/2$ 並與面鏡共心。其球面像差為

$$a_{ss} = 1/4R^3 = 1/32f'^3 \tag{4-18}$$

即如預期中與孔徑光欄位於面鏡的情況相同。它可藉由在面鏡的曲率中心安置一個厚度變化量為 r^4 函數的玻璃板來消除,這事實上是**施密特** (*Schmidt*) 系統的原理,我們將於第 5 章闡述之。

不難發現為何除了球面像差外,其餘初級像差在孔徑光欄位於球面鏡曲率中心,且是以帕茲伐面觀察影像的情況下可被消除。亦由於出射光瞳也是位於曲率中心,而對應於一個離軸物點的主光線會通過曲率中心。另外,由於反射鏡是球面,任一通過球面鏡曲率中心之線條形成光軸,因此每個物點都像是位於軸上的物體。所以相對於帕茲伐成像,唯一會產生的初級像差為球面像差,即對應於 (4-5d) 式右邊第二項之帕茲伐曲率不為零。也就是說,僅存在球面像差之影像像差會形成於曲率半徑為 $R/2$ 的球面上,此亦為通過軸影像點 P'_0 帕茲伐成像表面,而當物點位於無窮遠,它與面鏡共心。

4.5　數值問題

　　現在我們考慮一個簡易的數值問題，其中球面鏡直徑為 4 *cm*，曲率半徑為 10 cm，將一 2 cm 高的物體成像於距離 15 cm 處。假設孔徑光欄位於面鏡處而物體位於光軸下方，表 4-1 所列為此例題之高斯參數以及像差參數，亦考慮凹面鏡與凸面鏡之情況。其中凹面鏡會形成實像而凸面鏡則形成虛像，同時可以看出在凹面鏡情況下，主要的初級像差為像散像差；而在凸面鏡使用情況下，主要的初級像差則為彗星像差。由於孔徑光欄位於面鏡處，二種面鏡所對應之場曲像差、畸變像差為零。

　　表 4-2 所列為針對物點位於無窮遠，與光軸夾角為 1 mrad 之高斯參數與像差參數。初級像差數值大小與面鏡形式無關，但面鏡型式會影響初級像差的正值和負值。表 4-2 主要的初級像差為球面像差，場曲像差以及畸變像差仍為零。

　　若面鏡的孔徑光欄移到面鏡的曲率中心，球面像差峰值 A_s 不變，而彗星像差以及像散像差變為零，但場曲像差不為零。出射光瞳半徑 a_{ex}、場曲係數 a_d 以及場曲峰值 A_d 分別列於表 4-3，其中沒括號的數值為對應物體位於 $S = 15$ cm 處，而括號中的數值則是對應物體位於無窮遠，與光軸夾角為 1 mrad。在此提

表 4-1　一個半徑為 a 的球面鏡將位於有限距離的物體成像，所對應之高斯參數與像差參數，其中孔徑光欄位於鏡面。

高斯參數 (Gaussian Parameters)					
面鏡型式	R (cm)	S'(cm)	h'(cm)	F	d
凹面鏡	-10	-7.5	1	7.5/4	-4
凸面鏡	10	3.75	-0.5	3.75/4	-1.6

像差參數 (Aberrarion Parameters)			
面鏡型式	a_{ss} (cm^{-3})	A_{ss} (μm)	A_{cs} (μm)	A_{as} (μm)
凹面鏡	-2.78×10^{-5}	-4.4	35.56	-71.1
凸面鏡	6.94×10^{-4}	111	178	71.1

$S = -15$ cm, $h = -2$ cm, $a = 2$ cm, $S' = -RS/(2S - R)$

$F = |S'|/2a$, $d = R/(S' - R)$

表 4-2 一個半徑為 a 的球面鏡將位於無窮遠的物體成像，方位角度為 1 mrad，所對應之高斯與像差參數，其中孔徑光欄位於鏡面。

高斯參數 (Gaussian Parameters)					
面鏡型式	R (cm)	S' (cm)	h' (cm)	F	D
凹面鏡	−10	−5	5×10^{-3}	1.25	−2
凸面鏡	10	5	-5×10^{-3}	1.25	−2

像差參數 (Aberrarion Parameters)				
面鏡型式	a_{ss} (cm^{-3})	A_{ss} (μm)	A_{cs} (μm)	A_{as} (μm)
凹面鏡	-2.5×10^{-4}	−40	0.8	-4×10^{-3}
凸面鏡	-2.5×10^{-4}	40	0.8	4×10^{-3}

表 4-3 球面鏡所對應之出射光瞳半徑、場曲參數，其中孔徑光欄位於曲率中心。

面鏡型式	a_{ex} (cm)	a_d (cm^{-3})	A_d (μm)
凹面鏡	2/3	8×10^{-3}	35.6
	(2)	(2×10^{-3})	(2×10^{-3})
凸面鏡	10/3	-1.28×10^{-3}	35.6
	(2)	(-2×10^{-3})	(-2×10^{-3})

* 沒有在括號內的數值為物體在 $S = 15$ cm 處，在括號內的數值為
對應物體位於無窮遠，方位角度為與系統光軸夾 1 mrad。

醒我們加入

$$a_{ex} = a|(S - R)/S| = a|(S' - R)/S'| \qquad (4\text{-}19)$$

$$a_d = -1/2R(S' - R)^2 \qquad (4\text{-}20)$$

以及

$$A_d = a_d h'^2 a_{ex}^2 \qquad (4\text{-}21)$$

其中 $a = 2$ cm 為面鏡半徑。當影像是在曲率半徑為 −5 cm 的凹面鏡，以及曲率半徑為 5 cm 的凸面鏡的像面進行觀察時，那麼場曲像差消失。而當物點位於無窮遠，成像表面與面鏡共心。

4.6　總結

　　球面鏡的成像特性可藉由球面折射面的特性推導過程得到，其中設定物空間的折射率為 1，而像空間的折射率為 −1 (代表反射)，必須注意球面鏡的球面像差不為零。以拋物面鏡為例，若位於無窮遠的軸上物點，對應之球面像差為零。然而，橢圓面鏡則是須對應位於有限距離的軸上物點，其球面像差為零；對於透鏡的情況而言，消球面像差成像則需要兩面反射面鏡。

　　本章已描述考慮球面鏡成像，若球面鏡的孔徑光欄位置改變，系統造成之像差隨之而有所不同。當孔徑光欄位於球面鏡，場曲像差、畸變像差為零。然而當孔徑光欄位在球面鏡曲率中心時，球面像差以及場曲像差不為零。

Chapter 5

施密特相機

本章大綱

CHAPTER 5
施密特相機

5.1 簡介

　　我們已於第 4 章闡述球面鏡造成的球面像差，亦由 1.7 節得知它與孔徑光欄位置無關。當其孔徑光欄位在面鏡曲率中心時，雖然彗星像差、像散像差、畸變像差均為零，但同時也產生場曲像差。我們將於第 6 章討論拋物面鏡，僅有位於無窮遠的軸上物點，所對應之球面像差為零。為了利用球面鏡製作簡易的優勢，我們必須尋求補償球面像差之方式。一個由球面鏡以及位於其曲率中心用來補償其球面像差的非等厚穿透板所構成之光學系統，其被稱為**施密特相機** (*Schmidt camera*)。該穿透板稱為**施密特板** (*Schmidt plate*)。除了場曲像差之外，其餘初級像差均為零。

　　如 4-4 節所討論，影像若形成於曲率半徑值為面鏡一半的球面處，則場曲像差將可被消除。而對於位在無窮遠的物體，此成像面與面鏡共心。本章將決定施密特板的形狀，並探討其色像差現象，同時亦以數值範例闡明之。

5.2 施密特板

　　考慮一個球面鏡系統，孔徑光欄位於曲率中心 C，如圖 5-1 所示，它對一個在無窮遠的物體成像。由 (4-18) 式，相較於光軸 OA 上的物點所發射出的主光線，介於區域 r 之光線所對應的光程差可被描述成

$$W(r) = \frac{r^4}{32 f'^3} \tag{5-1}$$

其中 f' 為反射面鏡焦距。它為負值代表聚焦至 F' 光線之光程長度短於主光線，亦可代表光線經由反射而行進至光軸上 F'' 點，其中 F'' 點較近軸焦點 F' 點更靠近反射面鏡頂點。此現象可單就等腰三角形 CAF'' 的幾何關係來說明，其中 $CF'' + AF'' > CA = 2|f'|$，或是 $CF'' = AF''$ 可得到 $CF'' > |f'| = AF''$，為了要讓各光線的光程與主光線相同，因此必須將它增長。

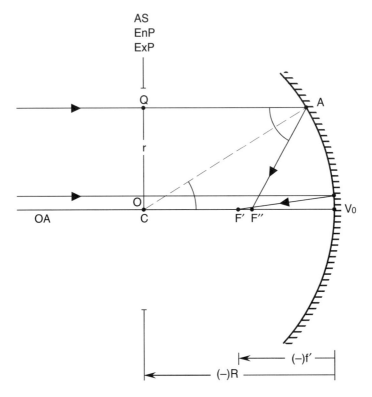

圖 5-1　位於無窮遠的物體經由球面鏡成像，孔徑光欄位於面鏡曲率中心 C。從位於無
　　　　窮遠處的物體發射出不同區域的光線經面鏡反射後，與系統光軸 OA 相交，像
　　　　是 F'、點 F'''，形成球面像差。其中交於軸上 F''' 點的光線所對應區域為 $\sqrt{3}a/2$，
　　　　a 為孔徑光欄半徑。

　　若一個平板折射率為 n，厚度函數為 $t(r)$，被放置於面鏡的曲率中心，其平
面垂直於面鏡光軸，則由元件所增加的光程長為 $(n-1) \cdot t(r)$。若 $t(r)$ 由下式給
定

$$W(r) + (n-1)t(r) = 0 \tag{5-2}$$

所有由此系統傳送的物光線行經相同光程，並會合於共同焦點 F'。將 (5-1) 式代
入 (5-2) 式，我們可知平板的厚度函數為

$$t(r) = -\frac{r^4}{32(n-1)f'^3} \tag{5-3}$$

它的數值由位於中心處的零，隨著光束區域半徑的四次方成正比。實際應用時，一個厚度為 t_0 之平面平行板將被運用於製作過程之中，因此它是可被生產之元件。平板的形狀如圖 5-2 所示，顯示它可以將非位於軸上的光線稍微偏折，經過面鏡反射後會通過 F' 點。

　　雖然此平板可消除球面像差，但同時也造成**色像差** (chromatic aberration) 問題，這是由於平板折射率隨著物體所發射出波長而改變，偏向角亦是如此。假設一光線對應的折射率為 n，在區域 r 穿過平板元件，當該平板置於空氣介質中，則造成的波像差為 $(n-1) \cdot t(r)$，依據 (1-1) 式可得元件所造成光線偏向角為

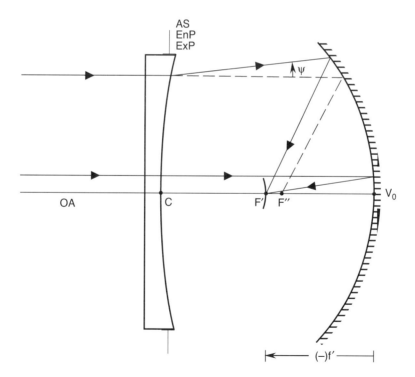

圖 5-2　物體經由施密特相機成像，它包含一個球面鏡與位於面鏡曲率中心 C 的透明平板。面鏡的球面像差因此而消除而成為無球差系統，圖中虛線所示為未使用施密特板的情況。

$$\psi = (n-1)\frac{dt}{dr} \tag{5-4}$$

將 (5-3) 式代入 (5-4) 式，我們可以得到

$$\psi = -\frac{r^3}{8f'^3} \tag{5-5}$$

由 (5-4) 式，我們可以得到**光線角色散** (*angular dispersion*) 為

$$\Delta\psi = \Delta n\frac{dt}{dr} \tag{5-6a}$$

其中 Δn 為物體輻射光譜頻寬所對應之平板折射率變化。將 (5-4) 式替換入 (5-6a) 式，我們可以得到

$$\Delta\psi = \frac{\Delta n}{n-1}\psi \tag{5-6b}$$

因此，光線角色散 $\Delta\psi$ 正比於本身的偏向角 ψ。對於邊緣光線而言，即 $r = a$ 時，偏向角 ψ 最大為 $-a^3/8f'^3$，其中 a 為平板半徑。

為了減少色像差，必須縮減 ψ 之最大值。為此我們加入一個非常薄的平凸透鏡，此元件將縮短光線焦距，使得光線聚焦在 F'' 而不是 F'，如圖 5-3 所示。

一個平凸透鏡對厚度為 r^2 函數，引入平板厚度內，因此平板厚度可寫為

$$t(r) = t_0 - \frac{r^4}{32(n-1)f'^3} + \frac{br^2}{n-1} \tag{5-7}$$

其中 b 為一可降低色像差之常數。比較離焦像差 br^2 被引入平板以及 (1-3b) 式，我們得到 F' 與 F'' 所對應之間距值為 $2bf'^2$。若 b 為負值，F'' 位於 F' 右側，如圖 5-3 所示。平板厚度隨著 b 值改變，如圖 5-4 所示。我們注意到當 $b = a^2/32f'^3$ 時，從平面平行板所對應之**材料移除深度** (*the depth of material removal*) 為最小 (對應到圖中的 $c = 1$ 的情況)。然而我們更注重的是要去將光線的最大偏向角盡量縮小，如同下列所述，b 值條件為 $3a^2/64f'^3$ (或是 c 值為 1.5)。

將 (5-7) 式代入 (5-4) 式，我們可知光線偏向角可寫成

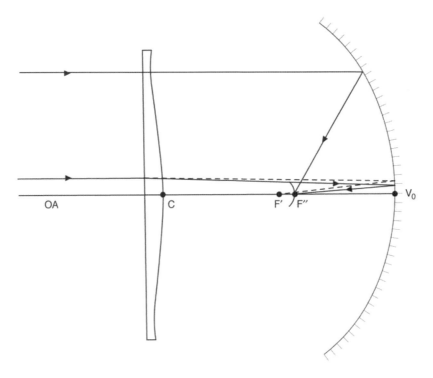

圖 5-3　產生最小色像差的施密特相機。虛線所示為未使用施密特板的情況，光線通過平板並經面鏡反射後匯聚至 F'' 點，而通過平板中性區的光線則由面鏡聚焦。

$$\psi = \frac{r^3}{8f'^3} + 2br \qquad\qquad (5\text{-}8)$$

在介於 $0 \le r \le a$ 的範圍內，最大值可利用 $\partial \psi / \partial r = 0$ 得到，極值位置在 $r = (16\,f'^3\,b/3)^{1/2}$，或是 $r = a$ 時的位置。前者的絕對值是 $(4|b|/3)(16\,f'^3\,b/3)^{1/2}$，後者則是 $(-a^3/8f'^3) + 2ba$。若 $b = 3a^2/64f'^3$（或是 $c = 1.5$）時，此兩數值均為 $a^3/32f'^3$。因此若 $b = 0$，則可減少偏向角以及色像差 4 倍之多。將 b 值代入 (5-7) 式後，即可消除面鏡造成的球面像差，同時達成讓色像差最小所需求之平板厚度是

$$t(r) = t_0 - \frac{1}{32(n-1)f'^3}\!\left(r^4 - \frac{3}{2}a^2 r^2\right) \qquad\qquad (5\text{-}9)$$

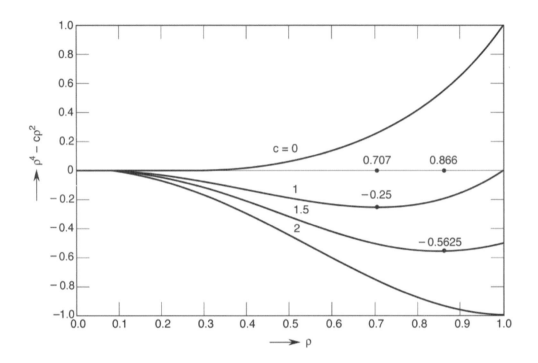

圖 5-4　施密特平板厚度隨著 b 值改變之情況，其中 $c = 32 f'^3 b / a^2$ 以及 $\rho = r/a$。在 $c = 1$ 的情況下，當 $b = a^2 / 32 f'^3$ 時，所對應的厚度變化量最小。

利用 $\partial \psi / \partial r = 0$ 時得到 $r = \sqrt{3}a/2$，此 r 值稱為平板的**中性區** (*neutral zone*)，是因為光線正向入射如圖 5-3 中的平板而不被偏折。而由圖 5-4 得知其對應的平板厚度變化量以及材料移除量最大。此變化量相較於最小厚度變化量的平板高出一倍以上，比較圖 5-4 中的 –0.5625 和 –0.25 兩個數值，分別發生於 $r = 0.707a$ 與 $r = 0.866a$。

　　施密特板的透鏡元件，其焦距為 $f_1 = -32 f'^3 / 3a^2$。平板頂點的曲率半徑為 $(1 - n)f_1$，理所當然的此為透鏡第二表面之曲率半徑。光線角色散由下式給定

$$\Delta \psi = -\frac{\Delta n}{8(n-1)f'^3}\left(r^3 - \frac{3}{4}a^2 r\right) \tag{5-10}$$

當光線位於 $r = a/2$ 與 a 時有最大值，可得到

$$[\Delta\psi]_{max} = -\frac{\Delta n}{32(n-1)}\frac{a^3}{f'^3} \tag{5-11}$$

b 值與角色散之關係如圖 5-5 所示。我們可參閱第 7 章的 b 值探討部分,同時可得最小色像差,亦達成一物點經球面像差後之離焦成像面有最小模糊成像圓。

在 4-4 節中有描述,當球面鏡的孔徑光欄位於曲率中心時,僅存在球面像差以及場曲像差。施密特板補償了球面像差,在與面鏡共心之球面上,影像無初級像差。嚴格來說,平板上透鏡元件亦產生少量的初級像差,其球面像差可藉由微幅調整平板厚度參數 $t(r)$ 的 r^4 項而予以消除。面鏡本身也造成一些**次級像差** (secondary aberration) 或是六階球面像差,則可引入 r^6 項於平板厚度進行消除。

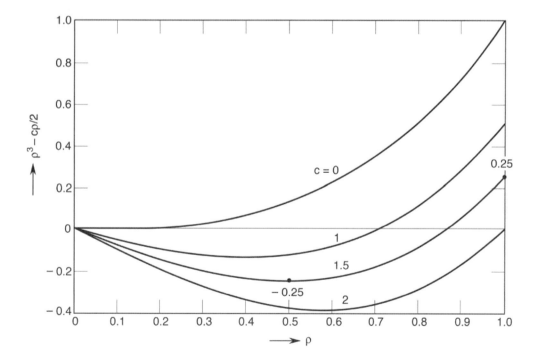

圖 5-5 角色散與 b 值的關係圖。當 $b = 3a^2/64f'^3$ 相對於 $c = 1.5$ 時,其角色散為最小。

必須注意的是若當角度 β 增加，聚焦面尺寸亦隨之增加，會遮蔽光線入射鏡面。對於半徑為 β 之**視場**（ *field of view* ）而言，軸上光對應之線性遮蔽率為 $\epsilon = 2\beta F$，F 為系統的焦比。

5.3　數值問題

我們考慮一個數值問題，球面鏡的半徑為 $a = 5$ cm，焦距為 $f' = -40$ cm，因此 $F = 4$。依據 (5-1) 式，對於無窮遠的物體，球面像差的峰值為 3.05 μm。若利用一個折射率為 $n = 1.5$ 的施密特板去補償球面像差，根據 (5-3) 式可得到最大與最小厚度差為 6.10 μm。因此從一個均勻厚度平板開始，中心部分 6.1 μm 材料須移除，到邊緣部分則免移除材料。這將可符合單色光之成像運作，而對應的折射率為 1.5，影像成像於距離面鏡 40 cm 處。對位於無窮遠的物體，當我們在與通過焦距 F' 的面鏡共心，且曲率半徑為 40 cm 的球形表面觀察其影像，其初階像差為零。

在使用白光光源操作時，對應最小色像差之平板厚度變化由 (5-9) 式給定。於是此平板在中心處具有厚度，而到了中性區域 $\sqrt{3a}/2 = 4.33$ 時，厚度變化最大為 3.43 μm，邊緣之變化則為 3.05 μm。我們知道材料移除量比單色光運作情況小，影像形成於較焦距接近面鏡頂點 0.586 mm。若物體之輻射光譜頻寬所對應之折射率變化 $\Delta n = 0.025$，則可依據 (5-11) 式，我們可以得到具有色彩影像之最小半徑為 1.22 μm。而實際上的影像基於繞射現象，及艾瑞光盤（將於第 8 章闡述之）會大於此數值。對於波長 0.7 μm 的可見光而言，**艾瑞光盤**（*Airy Disc*）(忽略焦面的遮蔽效應) 的直徑約為 6.83 μm。

5.4　總結

在施密特相機中，藉由安置一個校正板 (稱為施密特板) 於球面鏡曲率中心時，可消除球面像差。孔徑光欄、出射光瞳、入射光瞳亦位於該處，則其對應之彗星像差以及像散像差為零，從而提供了一個消像散系統。依據 (5-3) 式可得到平板厚度，而圖 5-2 引入色散，由 (5-9) 式描述藉由調製平板厚度使色散最小化，並顯示於圖 5-3 中。

Chapter 6

錐面的像差

本章大綱

CHAPTER 6
錐面的像差

6.1　簡介

　　到目前為止我們已討論了球面所形成的像差現象，即離心率為零的錐面，在本章將以**離心率** (*eccentricity*) 數值觀點來介紹**錐面** (*conic surface*) 的成像像差。探討方式則從 1.8 節與 4.2 節中闡述之球面成像所造成的像差開始，要注意的是在某些錐面**頂點曲率半徑** (*vertex radius of curvature*) 條件下，它與相同曲率半徑的球面是對應一樣的高斯成像方程式。若已知球面所形成的像差，則我們可以決定對應錐面所造成之像差。特別的是，若孔徑光欄位於錐面，唯一會新增的像差是球面像差，其他錐面的初級像差均與球面所對應之結果相同。藉由錐面所造成之像差推算方式，可得到**非球面** (*aspherical surface*) (非錐面) 所造成之像差情形。我們將簡要地討論**拋物面鏡** (*paraboloidal mirror*) 所形成的像差，並與球面鏡所對應的像差比較，最後我們會概述多重面鏡系統的像差推導過程。

6.2　錐形表面

　　一個具有離心率 e 的圓錐型表面，其頂點曲率半徑為 R，**弛垂長度** (*sag*) 可藉由下式來描述

$$z_c = \frac{r_c^2 / R}{1 + [1 - (1 - e^2) r_c^2 / R^2]^{1/2}} \tag{6-1}$$

如圖 6-1 所示，其中 (x_c, y_c, z_c) 為表面上一點的座標，且

$$r_c = (x_c^2 + y_c^2)^{1/2} \tag{6-2}$$

為與 z 軸距離。座標原點位於圓錐頂點，z 軸則沿著錐面之旋轉對稱軸。依據下列情況不同 e 值可對應出各種錐型表面：

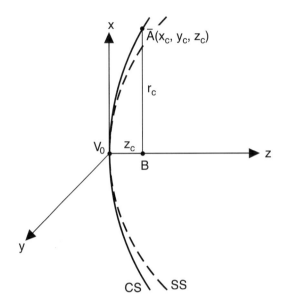

圖 6-1　圓錐型表面弛垂長度 (sag) 示意圖。座標原點位於錐面頂點 V_0，座標系統的 z 軸為錐面之旋轉對稱軸，z_c 表示圓錐面上 A 點的弛垂長度。

$e = 1$　拋物面

　< 1　橢球面

　> 1　雙曲面

　$= 0$　球面

若我們忽略 r_c 高於四階項，(6-1) 式變為

$$z_c = \frac{r_c^{\,2}}{2R} + (1 - e^2)\frac{r_c^{\,4}}{8R^3} \tag{6-3}$$

因此，到四階 r_c 項為止，球面 ($e = 0$) 弛垂長度大於錐面弛垂長度，量值為 $e^2 r_c^{\,4}/8R^3$。到此階數為止，弦長約為 $V_0 A \cong r_c$。

6.3 錐形折射面

6.3.1 軸上的物點

考慮一個圓錐面，其分隔之兩介質折射率分別為 n 與 n'，相較於球面，圓錐表面會讓軸上物點 P_0 發出的光線引入附加像差，光線通過位於球面上的 A 點，如圖 6-2 所示，可得到

$$\Delta W_c(\overline{A}_0) \simeq (n'-n)\overline{A}_0 A \tag{6-4a}$$

其中

$$\overline{A}_0 A \simeq e^2 r_c{}^4 / 8R^3 \tag{6-4b}$$

此值約等同於對應於同一頂點曲率半徑之圓錐面和球面的彎折程度差。由於 $V_0 A \cong r_c$，我們能寫成

$$\Delta W_c(\overline{A}_0) \simeq \sigma V_0 \overline{A}_0{}^4 \tag{6-5a}$$

其中

$$\sigma = (n'-n)\, e^2 / 8R^3 \tag{6-5b}$$

我們可由圖中三角形 $V_0 A_0 P'_0$ 與 OQP'_0 來看，$V_0 A / OQ = S'/L$，因此距光軸 r、位於出射光瞳平面上 Q 點的像差可描述成

$$\Delta W_c(Q) = \sigma (S'/L)^4 \, OQ^4$$

或是

$$\Delta W_c(r) = \sigma (S'/L)^4 \, r^4 \tag{6-6}$$

6.3.2 離軸的物點

對於一個離軸物點 P，如圖 6-3 所示，可看出對應於圓錐面與球面的主光線所需的光程長度不同。因此，從物點 P 發射出的光線，圓錐面貢獻了像差，並

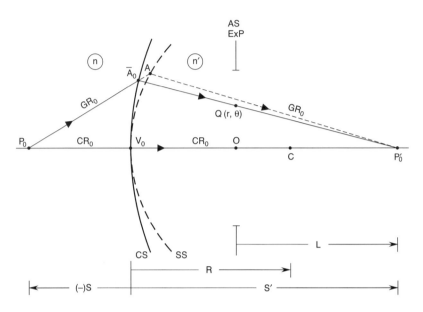

圖 6-2 軸上的物點 P_0 經由曲率半徑為 R、曲率中心 C 的圓錐折射面 CS 成像，高斯影像位於 P'_0。

且面對通過圓錐面上 $\overline{A}$ 點的光線，造成的像差為

$$\begin{aligned}\Delta W_c(\overline{A}) &\simeq (n'-n)(\overline{A}A - \overline{B}B) \\ &= \sigma(V_0\overline{A}^4 - V_0\overline{B}^4)\end{aligned} \tag{6-7}$$

令光線通過出射光瞳平面的 Q 點，它對於座標原點 O，具有極座標 (r, θ)。圖 6-4 描述了出射光瞳於折射面的投影量，我們要注意的是

$$V_0\overline{A}^2 = \overline{A}\,\overline{B}^2 + V_0\overline{B}^2 - 2\overline{A}\,\overline{B}V_0\overline{B}\cos\theta \tag{6-8}$$

由圖 6-3 中三角形 $B\overline{A}P'$ 與 OQP' (兩個三角形接近相似三角形) 來看，我們注意到

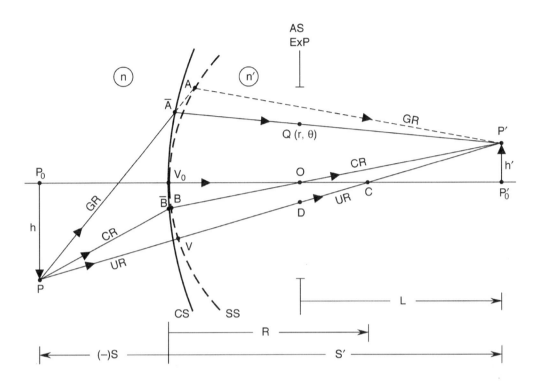

圖 6-3　離軸的物點 P 經由曲率半徑為 R、曲率中心 C 的圓錐折射面成像，高斯影像位於 P'。

$$\overline{A}\,\overline{B} \simeq (S'/L)\,r \qquad\qquad (6\text{-}9a)$$

同樣的方式，藉由三角形 $OV_0\overline{B}$ 與 OP'_0P'（兩個三角形亦接近相似三角形），可得到

$$V_0\overline{B} \simeq gh' \qquad\qquad (6\text{-}9b)$$

其中

$$g = \frac{S' - L}{L} \qquad\qquad (6\text{-}10)$$

將 (6-9a) 式、(6-9b) 式與 (6-10) 式代入 (6-8) 式，平方後再代回 (6-7) 式可得到

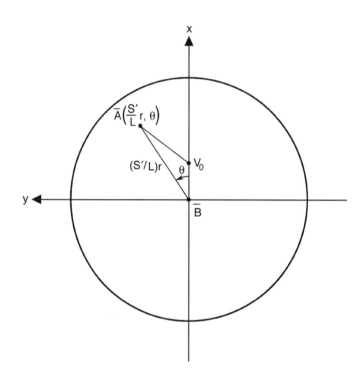

圖 6-4　圖 6-3 中的出射光瞳投影於折射面，主光線上的 B 點成為投影光瞳的中心。

$$\Delta W_c(Q) = \sigma[(S'/L)^4 r^4 - 4(S'/L)^3 gh'r^3 \cos\theta + 4(S'/L)^2 g^2 h'^2 r^2 \cos^2\theta$$
$$+ 2(S'/L)^2 g^2 h'^2 r^2 - 4(S'/L) g^3 h'^3 r \cos\theta]$$

(6-11)

結合 (6-11) 式與 (1-19) 式，我們得到圓錐面的初級像差。要注意的是若孔徑光欄位於錐面，使得 $L = S'$ 以及 $g = 0$，則像差只有在球面像差部分與球狀表面不同，其他初級像差部分則兩種表面完全相同。

6.4　非球面折射面

　　接下來我們考慮一個具旋轉對稱之**非球面** (*aspherical surface*)，其頂點曲率半徑為 R，弛垂長度根據下式描述

$$z_g = \frac{r_g{}^2}{2R} + (1 - e^2 + s_g)\frac{r_g{}^4}{8R^3} \tag{6-12}$$

其中 s_g 代表對應同一曲率半徑的圓錐面之弛垂長度四階項的貢獻值。相較於曲率半徑為 R 的球面，非球面讓軸上物點產生的光線增添了光程長為

$$\Delta W_g(A) = \sigma' V_0 A^4 \tag{6-13a}$$

其中

$$\sigma' = (n' - n)(e^2 - s_g)/8R^3 \tag{6-13b}$$

　　比較 (6-5) 式與 (6-13) 式，我們可替換 σ' 至 σ 則可推得非球面所形成的像差，此結論亦可適用於離軸的物體。

6.5　錐形反射面

　　相較於在第四章所討論的球面反射面，由圓錐形或非球面型式反射面所產生的附加像差，可利用將折射面所形成的像差關係式中，介質折射率設定為 $n' = -n = 1$ 而得到。因此**錐形反射鏡** (*conic mirror*) 所產生的像差可由 (6-11) 式推得，其中

$$\sigma = -e^2/4R^3 \tag{6-14}$$

6.6　拋物面鏡

　　對於拋物面鏡 ($e = 0$) 而言，一個位在無窮遠的物體可藉由 (4-4) 式與 (6-14) 式，我們可得到

$$a_s = -\sigma = 1/R^3 \tag{6-15}$$

因此比照 (4-3) 式與 (4-11) 式，當物體位於無窮遠時，拋物面鏡對應之球面像差為零，即

$$a_{sc} = (S'/L)^4 (a_s + \sigma) = 0 \qquad\qquad (6\text{-}16)$$

此外,若孔徑光欄位於鏡面,則 $L = S'$,同時 $g = 0$。由 (6-11) 式可得知拋物面
鏡與球面鏡對應相同之初級像差,因此位於無窮遠的離軸物體,經由孔徑光欄
位於鏡面的拋物面鏡成像,僅會遭遇依據 (4-11) 式所示的彗星像差以及像散像
差。舉例來說,一個位在無窮遠的物體,其方位角為 1 mrad。經由曲率半徑為
10 cm 的拋物面鏡成像,彗星像差峰值為 0.8 μm,但可忽略的像散像差。這些
數值與表 4-2 所示由球面鏡所造成的像差相同。故由拋物面鏡與球面鏡成像,
形成的初級像差不同之處在於球面像差,對於拋物面鏡來說是零,對凹面球面
鏡則有峰值像差 −40 μm。另一方面,拋物面鏡對位於無窮遠的軸上物體所對應
的像差為零。

6.7　多重面鏡系統

　　複合元件系統的像差計算方式,可藉由針對各元件之出射光瞳所對應的像
差分別運算,再依據 1-9 節的推導過程將它們合併。舉例來說,我們可將**無聚
焦系統** (*afocal system*) 視為兩共焦的拋物面鏡所組成,作為擴束器使用,僅會
造成場曲像差以及畸變像差,而無像散像差。同樣地,我們便可研究兩面鏡系
統的像差,例如**凱薩格林望遠鏡** (*Cassegrain telescope*) 以及**里奇-克萊琴望遠鏡**
(*Ritchey-Chrétien telescope*)。有時候在實踐的情況下,說起來容易而做起來卻相
當困難。

6.8　總結

　　在某些頂點曲率半徑條件下,錐面與相同曲率半徑的球面是對應一樣的高
斯成像方程式。當孔徑光欄位於錐面,錐面與球面所對應的成像像差,唯一不
同的是球面像差,而由非球面所造成的像差,是依 (6-13b) 式修改其弛垂長度
得到。另一方面,複合元件系統的像差計算方式,乃藉由 1-9 節介紹的過程推
導,本書內容僅討論初級像差,系統實際像差可由光路追蹤與量測得到。

Chapter 7

光點大小與分佈圖

本章大綱

CHAPTER 7
光點大小與分佈圖

7.1　簡介

　　在第二章至第六章中，我們已經知道在一個簡單光學系統中的初級波像差。而在本章節中，我們將會利用到 1.2 節中所介紹的波前與光線像差關係，並且決定對於一點光源在高斯像平面上所產生的分布，稱為**光點圖** (ray spot diagram)。對於每一個初級像差，我們會根據像面上光點的能量分佈形式與峰值，來找出其光點的寬度與大小。例如在球面像差與像散像差中，我們考慮在離焦的像平面上光點分佈情況，並且決定出光點大小最小的成像位置，而該最小光點稱為**最小模糊圓** (circles of least confusion)，並且也表示在幾何光學中的最佳成像。

　　我們定義並計算初級像差中光線分布的質心以及標準差。如在一般透鏡的設計中，光點的大小通常是使用標準差而非使用半徑來表示。事實上，在接下來的第八章中，我們將會看到在一光學系統的出射光瞳位置會有繞射效應，因此在成像面上所看到像點的分佈會合我們上述所討論到的光點分佈不一致。例如在無像差的幾何光學中，一個點光源的成像亦是一個點光源。但是當考慮到繞射效應後，在圓瞳系統上所產生的像將為一個亮點，且亮點周圍有同心圓的亮暗環，而這個像將和原本點光源光點不同。即使如此，在透鏡的設計中，我們仍然以光點分佈來當作初期設計的一個重要參考指標，且在接下來的第 7.10 節中，我們會再更詳盡討論。

7.2　波前與光線像差

　　首先我們考慮一點光源在具有一系列軸對稱的折射且 (或) 反射面之光學成像系統，而在第一章中我們有討論初級像差，其在出射光瞳上，波像差的數學形式可表示成

$$W(r, \theta, h') = a_s r^4 + a_c h' r^3 \cos\theta + a_a h'^2 r^2 \cos^2\theta + a_d h'^2 r^2 + a_t h'^3 r \cos\theta \quad (7\text{-}1)$$

其中 (r, θ) 是在出射光瞳上的 xy 平面，其一極座標點，h' 是指在高斯平面上的 p' 像點的高度，a_s、a_c、a_a、a_d 與 a_t 分別指的是**球面像差** (*spherical aberration*)、**彗星像差** (*coma*)、**像散像差** (*astigmatism*)、**場曲** (*field curvature*) 以及**畸變像差** (*distortion*) 係數，角度 θ 為 0 或 π，即點位於**正切面** (*tangential plane*) 或**子午面** (*meridional plane*) 上 (也就是說 zx 平面包含光軸、物點與高斯成像面)。**主光線** (*chief ray*) 根據定義，其會通過出射光瞳的中心，且總是會躺在正切面上，而與正切面垂直且包含主光線的面稱為縱切面或是**矢狀切面** (*sagittal plane*)。當主光線通過折射或反射面時，其光線會折彎，同樣的在矢狀切面亦是如此。

對於一個半徑為 a 的圓形出射光瞳之光學系統，為了方便，我們使用歸一化的方式，將座標 (r, θ) 改成 (ρ, θ)，其中 $\rho = r/a,\ 0 \le \rho \le 1, 0 \le \theta \le 2\pi$。同時把 h' 併入到一代數符號中，而 (7-1) 式可改寫成

$$W(\rho, \theta) = A_s \rho^4 + A_c \rho^3 \cos\theta + A_a \rho^2 \cos^2\theta + A_d \rho^2 + A_t \rho \cos\theta \quad (7\text{-}2)$$

其中新的像差常數 A_i 表示像差的最大值或是峰值，而其關係可從 (7-1) 式得知

$$A_s = a_s a^4,\ A_c = a_c h' a^3,\ A_a = a_a h'^2 a^2,\ A_d = a_d h'^2 a^2,\ A_t = a_t h'^3 a \quad (7\text{-}3)$$

雖然我們將會討論在**峰值像差係數** (*peak aberration coefficient*) 的情況下光點分佈圖，但我們必須知道當我們在討論一延展性物體的像時，那些係數是跟像高有關係。

如果 (x, y) 表示在光瞳上的直角座標點，則相對應的歸一化座標軸可表示為 (ξ, η)

$$(\xi, \eta) = \frac{1}{a}(x, y) \qquad (7\text{-}4a)$$

$$= \rho(\cos\theta, \sin\theta) \qquad (7\text{-}4b)$$

其中 $-1 \le \xi \le 1$, $-1 \le \eta \le 1$ 且 $\xi^2 + \eta^2 = \rho^2 \le 1$。在前述的 (7-2) 式中，我們已經定義了像差的數學函數，而該函數中的係數則含有大小意味 (即波像差的大小) 的優點，以及他們亦可表示成各初級像差的峰值或是最大值。例如 $A_s = 1\lambda$ (其

中 λ 是指物波的波長)，我們可以說成一個波長的球面像差。

在成像面上光線的分佈稱為光點圖，而他們的密度 (也就是單位面積上的光線數目) 稱為**幾何點擴散函數** (*geometrical point-spread function, PSF*)。假設一光學系統為一無像差系統，則波前為球面波，並且所有物光皆會經過光學系統後，收斂到高斯成像點。當考慮有像差之光學系統時，一道光線通過在出射光瞳平面上的 (r, θ) 點，並且入射到高斯像平面上的 (x_i, y_i) 點，根據 (1-1) 式，我們也許可寫成

$$(x_i, y_i) = 2F\left(\frac{\partial W}{\partial \xi}, \frac{\partial W}{\partial \eta}\right) \tag{7-5a}$$

$$= 2F\left(\cos\theta \frac{\partial W}{\partial \rho} - \frac{\sin\theta}{\rho}\frac{\partial W}{\partial \theta}, \sin\theta\frac{\partial W}{\partial \rho} + \frac{\cos\theta}{\rho}\frac{\partial W}{\partial \theta}\right) \tag{7-5b}$$

其中 $F = R/2a$ 稱為焦比或 F 數。而這裡 (x_i, y_i) 的表示**光線像差** (*ray aberration*)，也就是在高斯成像面上的像點，相對高斯像點的座標位置。R 為相對應已定義的波前像差 $W(\rho, \theta)$ 的**高斯參考球面** (*Gaussian reference sphere*) 之曲率半徑，且參考球面的中心點為高斯像點 $(0, 0)$。如同帶有像差的波前，此參考球面波亦會通過出射光瞳的中心點。在 (7-5) 式中，我們假設像空間中的折射率為單位折射率，而此假設符合一般情況。將 (7-2) 式代入到 (7-5b) 式中，我們可以發現，在沒有失真的情況下，主光線會交於高斯成像面上的高斯成像點。

對於軸對稱的像差而言，也就是 $W(\rho, \theta) = W(\rho)$，我們可以改寫 (7-5b) 式使得點擴散函數也變成軸對稱。而與高斯像點的半徑距離在此可寫成

$$r_i = (x_i^2 + y_i^2)^{1/2}$$
$$= 2F\left|\frac{\partial W(\rho)}{\partial \rho}\right| \tag{7-6}$$

對於一均勻**照射光瞳** (*uniformly illuminated pupil*)，點擴散函數的質心位置可以從像差函數獲得

$$(x_c, y_c) = \left(\frac{2F}{\pi}\right)\iint\left(\frac{\partial W}{\partial \xi}, \frac{\partial W}{\partial \eta}\right)d\xi\, d\eta \tag{7-7}$$

其光線像差之標準差或是**光點標準差** (*spot sigma*) 由下式給定

$$\sigma_s = \left\langle (x_i - x_c)^2 + (y_i - y_c)^2 \right\rangle^{1/2} \tag{7-8a}$$

$$= 2F \left\{ \frac{1}{\pi} \iint \left[\left(\frac{\partial W}{\partial \xi} - x_c \right)^2 + \left(\frac{\partial W}{\partial \eta} - y_c \right)^2 \right] d\xi \, d\eta \right\}^{1/2} \tag{7-8b}$$

對一個對稱的像差，例如像散像差，其點擴散函數亦為對稱且質心位置在原點上，即 $(x_c, y_c) = (0, 0)$。而光點的標準差在此情況下會等於光點的**方均根半徑** (*root mean square (rms) radius*)。將 (7-6) 式代入到具有軸對稱的像差，其 (7-8b) 式可簡化成

$$\sigma_s = 2\sqrt{2}F \left[\int \left(\frac{\partial W}{\partial \rho} \right)^2 \rho \, d\rho \right]^{1/2} \tag{7-9}$$

現在我們開始討論初級像差的一些特徵，而為了定義，除非另有說明，我們假設每一個像差的係數 A_i 均為正值。

7.3　球面像差

圖 7-1 中顯示了球面像差，其數學函數可寫成

$$W(\rho) = A_s \rho^4 \tag{7-10}$$

且參考球面的中心點為高斯成像點 P'_0。將 (7-10) 式代入到 (7-6) 式，我們可以發現區域 ρ 的光線與高斯像平面相交，其距離為

$$r_i = 8FA_s \rho^3 \tag{7-11}$$

因此，交在高斯成像面上的圓之半徑，跟在出射光瞳位置半徑為 ρ 的光線有關。而 r_i 的最大值為 $8FA_s$，且可以符合此光線只有在 $\rho = 1$ 時，也就是邊緣光線，我們把 r_i 的最大值當作像的光點半徑。在此要注意的是 A_s 與物高無關，而光點的分佈一樣與物高無關，這是因為球面像差與物高無關。

　　讓我們考慮光點分佈在一稍微離焦的像面上，並藉此介紹離焦像差 B_d。在相對應參考球面波中心點的離焦點上，波前像差也可寫成

$$W(\rho) = A_s \rho^4 + B_d \rho^2 \tag{7-12}$$

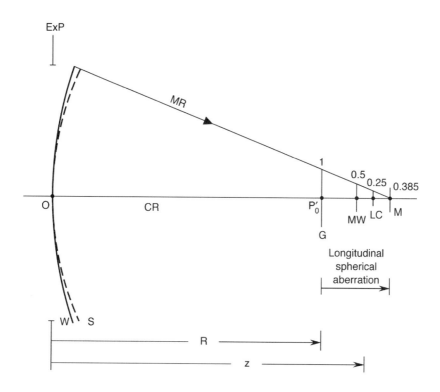

圖 7-1 由一波前 W 所產生的球面像差造成在不同像平面上的光點大小不同。P-近軸成像 (*paraxial*), M-邊緣光線成像 (*marginal*), MW- 中途面成像 (*midway*), LC-最小模糊成像 (*least confusion*)。圖中參考球面波 S 之中心點在高斯成像點 P'_0 上。在圖中之光點半徑單位為 $8FA_s$,其中 F 是焦比或 F 數,A_s 是球面像差的峰值。

而從出瞳上,半徑為 ρ 的光線會在離焦面上產生一個圓,其半徑為

$$r_i = 8FA_s \left| \rho^3 + (B_d/2A_s)\rho \right| \tag{7-13}$$

對於邊緣光線,如果 $B_d = -2A_s$,則 $\rho = 1$。根據 (1-3c) 式和 (1-3d) 式,我們可以發現邊緣光線相交於光軸,其距離 P'_0 為

$$\Delta = -8F^2 B_d \tag{7-14a}$$

$$= 16F^2 A_s \tag{7-14b}$$

圖 7-1 顯示了這個距離 $P'_0 M$,稱之為 **縱向球面像差** (*longitudinal spherical*

表 7-1　球面像差在不同成像面上的光點半徑大小與標準差。

Image Plane	Balancing Defocus B_d / A_s	Spot Radius $r_{i\max} / 8FA_s$	Spot Sigma $\sigma_s / 8FA_s$
Gaussian	0	1	0.5
Marginal	-2	0.385	0.289
Midway	-1	0.5	0.204
Minimum spot sigma	$-4/3$	$1/3$	0.167
Least confusion	$-3/2$	$0/25$	0.177

aberration)。對於 Δ 為負值暗示著與舊的參考球面波比較，新的參考球面波中心點，更遠離出射光瞳的中心點。因此，邊緣光線與光軸之焦點 M 會在 P'_0 點的右側，如圖 7-1 所示。從圖 7-1 可以預測為一正值，P'_0 點與 M 點則分別稱為**高斯成像點** (*Gaussian image point*) 與**邊緣成像點** (*marginal image point*)。將 $B_d = -2A_s$ 代入到 (7-10) 式，我們可以發現在**邊緣像平面** (*marginal image plane*) 上，其最大值 r_i 發生在 $\rho = 1/\sqrt{3}$，而相對應在高斯成像面上，最大值 $r_{i\max}$ 為 $2/3\sqrt{3}$ (或 0.385) 倍相對應的在高斯成像面的大小，因此在邊緣成像面上的**邊緣光點半徑** (*marginal spot radius*) 比在高斯成像面上的**近軸光點半徑** (*paraxial spot radius*) 小。

　　當像平面在近軸 (高斯) 與邊緣成像面之**中途面** (*midway plane*) 時，相對應到 $B_d = -A_s$，其光點的半徑為近軸成像面光點半徑的一半。比較 (7-13) 式和 (5-8) 式，我們可以發現最小光點成像位置是當 $B_d = -3A_s/2$ 時，即該成像面在近軸到邊緣成像面的 3/4 位置上。而在此情況下，光點的半徑是近軸情況下的 1/4 倍，且符合的光線區域為 $\rho = 1/2$ 與 1，而此光點我們稱為**最小模糊圓** (*circle of least confusion*)。在表 7-1 中我們列出在不同成像面上所對應的光點半徑大小。

　　當我們經過仔細思考，並且加入了一個或一個以上的像差後，此時經過混合的像差結果，則有可能會被消掉，我們稱為消像差或是**像差平衡** (*aberration balancing*)。現在我們將利用離焦像差來消除球面像差，使其綜合的像差達到最小半徑的光點或最小標準差。而經過多個離焦來達到最小的光點或標準差，也可稱為在幾何光學裡的**最佳化離焦** (*optimum defocus*)。經過消除像差後，可得到最小光點半徑為 $A_s[\rho^4 - (3/2)\rho^2]$。同樣地經過消除像差後，可得到最小光點標準差為 $A_s[\rho^4 - (4/3)\rho^2]$。而根據**繞射** (*diffraction*) 效應，最佳離焦面會在中間面的位置，因為這個範例中是在整個出射光瞳上減低像差**變異量** (*variance*)，也就是消除像差而得到最小變異量為 $A_s(\rho^4 - \rho^2)$，類似於**澤尼克多項式** (*Zernike polynomial*) $Z_4^0(\rho)$ (參見表 8-2)。

7.4　彗星像差

彗星波像差的波前可寫成

$$W(\rho, \theta) = A_c \rho^3 \cos\theta = A_c \xi (\xi^2 + \eta^2) \tag{7-16}$$

將 (7-13) 式代到 (7-5) 式，我們可以得到在高斯成像面上的光線像差與高斯成像點的關係

$$(x_i, y_i) = 2FA_c \rho^2 (2 + \cos 2\theta, \sin 2\theta) \tag{7-17a}$$

$$= 2FA_c (\rho^2 + 2\xi^2, 2x\eta) \tag{7-17b}$$

我們注意到光線是從在出射光瞳上半徑為 ρ 的圓而來，其所造成的像在高斯像平面為一半徑 $2FA_c\rho^2$ 的圓，而其圓心為 $(4FA_c\rho^2, 0)$。當在出射光瞳位置的圓，其光線角度 θ 從 0 到 2π 時，在高斯像平面的圓則會被描繪兩次。圖 7-2 顯示出當 $\rho = 1/2$ 和 1 時，在成像面上看到圓之情況。當 $\rho = 1$ 時，在成像面上所造成的圓之半徑為 $2FA_c$，其中心點在 $(4FA_c, 0)$。根據 $CB/CP' = 1/2$，其中 P' 是指高斯成像點，使得角度 $CP'B$ 為 30°。因此，在成像面上的所有光線，皆被包住在一個半角為 30° 的角錐內。而邊緣光線所產生的圓之半徑為 $2FA_C$，其中心點為 $(4FA_c, 0)$。角錐的頂點，即為高斯成像點 P'。因為從光點分佈圖上去觀察，其外形類似彗星的形狀，也因此稱為彗星像差。注意兩個切面邊緣光線 $MR_t(\rho = 1, \theta = 0, \pi)$ 交於 T 點，其距離 P' 點為 $6FA_c$。而兩個矢面邊緣光線 $MR_s(\rho = 1, \theta = \pi/2, 3\pi/2)$ 交於 S 點，其距離 P' 點為 $6FA_c$。於是，彗星像差的長

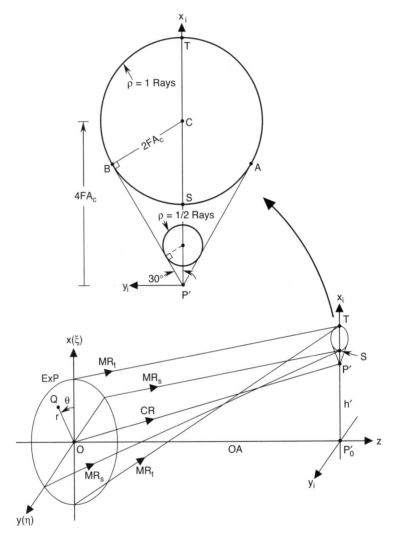

圖 7-2　彗星像差之光點分佈圖。在切面上的邊緣光線 MR_t 會匯聚到 T 點，而在矢面上的邊緣光線 MR_s 則會匯聚到 S 點。所有光線在成像面上會形成一半角的 30° 角錐 (因為 $CB/CP' = 1/2$)，角錐上方由一半徑 $2FA_c$ 且圓心為 $(4FA_c, 0)$ 圓弧所相切，而角錐之頂點為高斯成像點。

度與半寬分別為 $6FA_c$ 和 $2FA_c$，因此分別稱為**切面彗星像差** (*tangential coma*) 和**矢面彗星像差** (*sagittal coma*)。

因為點擴散函數為一非軸對稱於高斯成像點 P'，因此其質心並不會是 P' 點。將 (7-16) 式代入到 (7-7) 式，我們可以獲得其質心位置為

$$(x_c, y_c) = (2FA_c, 0) \tag{7-18}$$

因此圖 7-2 中的 S 點即為質心，且矢面邊緣光線交於此點。將 (7-17) 式與 (7-18) 式代入到 (7-8) 式中，我們可以得到光點標準差為

$$\begin{aligned}\sigma_s &= 2FA_c \langle [\rho^2 (2 + \cos 2\theta) - 1]^2 + \rho^4 \sin^2 2\theta \rangle^{1/2} \\ &= 2\sqrt{2/3} FA_c \end{aligned} \tag{7-19}$$

在成像面上，若我們要測出相對於高斯成像點的其它光點位置時，我們必須在波前像差的函數中引入傾斜像差。而傾斜像差中有一峰值 A_t，其相對應參考球心 $(-2FA_t, 0)$ 的位置，可用來測量波前像差。所以光線像差的質心是相當於 $-A_c \rho \cos\theta$ 或 $A_t = -A_c$。因此，質心的像差函數可被寫成

$$W(\rho, \theta) = A_c (\rho^3 - \rho) \cos\theta \tag{7-20}$$

很明顯的，如果光線像差可以被成像面上的任一光點 (包含高斯成像點) 測出，光點標準差則會變大。在 (7-20) 式中所表示的像差函數，其是指彗星像差被傾斜像差最佳化平衡，使得最小光點標準差或者是質心會在高斯成像點上。然而，最小波前像差的變異量會發生在 $A_t = -(2/3) A_c$，也就是說平衡的像差是 $A_c [\rho^3 - (2/3) \rho] \cos\theta$，相當於澤尼克多項式 $Z_3^1(\rho, \theta)$。

值得一提的是點擴散函數的質心與一成像系統的準心有關，而我們將於第 10 章討論。甚至，幾何的點擴散函數質心可被視為繞射點擴散函數。

7.5　像散

像散的波像差可以寫成

$$W(\rho, \theta) = A_a \rho^2 \cos^2 \theta = A_a \xi^2 \tag{7-21}$$

而相對應的光線像差可以寫成

$$(x_i, y_i) = 4F(A_a \rho \cos \theta, 0) = 4F(A_a \xi, 0) \tag{7-22}$$

交於高斯像平面上的光線只跟在出射光瞳上的 ξ 座標有關。因此圖 7-3 指出所有通過出射光瞳的光線交於高斯成像面，並在 x 軸上形成一條線，且質心在高斯成像點上。因 $-1 \le \xi \le 1$，故該條線的全長為 $8FA_c$。如果我們加入一微小離焦量到 (7-21) 式的像散像差內，並且觀察在一微量的離焦面上的情況，我們可以得到波前像差為

$$W(\rho, \theta) = A_a \rho^2 \cos^2 \theta + B_d \rho^2 = (A_a + B_d)\xi^2 + B_d \eta^2 \tag{7-23}$$

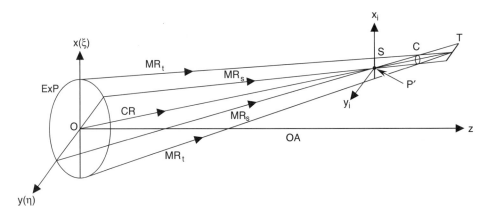

圖 7-3　當只有像散像差之像散焦線。在切面邊緣光線 MR_t 會匯聚於焦線 T 上的一點。相同的，矢面邊緣光線 MR_s 則會匯聚於焦線 S 上的高斯成像點。焦線 S 和 T 分別在切面與矢面上。最小模糊圓 C 則會發生在焦線 S 與 T 的成像面之中間面。

而相對應的光線像差為

$$(x_i, y_i) = 4F\rho[(A_a + B_d)\cos\theta, B_d\sin\theta] \tag{7-24a}$$

$$= 4F[(A_a + B_d)\xi, B_d\eta] \tag{7-24b}$$

此時我們給定一值，則光線交於離焦面上的光線軌跡可寫為

$$\left(\frac{x_i}{A}\right)^2 + \left(\frac{y_i}{B}\right)^2 = 1 \tag{7-25}$$

其中

$$A = 4F(A_a + B_d)\rho \text{ 和 } B = 4FB_d\rho \tag{7-26}$$

因此，在出射光瞳位置上，光線軌跡為一半徑 ρ 的圓時，則在離焦面上光線軌跡為一橢圓，而相對應的半長短軸分別為 A 與 B。在最大的橢圓軌跡是由邊緣光線所造成的，而離焦的波前像差 B_d 與縱向的離焦關係式可由 (1-3d) 式所得。

　　我們注意到，若 $B_d = 0$ 時，橢圓軌跡會變成長度為 $8FA_a$ 的直線，且該直線會在 x 軸方向。因此，由上述的討論，在高斯成像面上，光線軌跡會是沿著 x 軸的一條線 S，且質心會是高斯成像點。而當 $B_d = -A_a$ 時，這時 $\Delta = 8F^2A_a$，則光線軌跡會從橢圓形變成一沿著 y 軸的直線 T，且線的全長如同上述的 S 線。沿著 x 軸的成像線，我們稱為**矢狀影像** (sagittal image) 或是**放射狀影像** (radial image)，且位於切面或是子午面 zx 平面上，並包含物點 (位於物面沿著 x 軸方向) 和光軸。同樣地，沿著 y 軸的成像線 T，則稱為**切向影像** (tangential image)，並且在縱切面或是矢狀面 yz 平面上。而兩條成像線的距離 $8F^2A_a$，我們稱為**縱向像散** (longitudinal astigmatism)，這兩條成像線我們稱為**像散焦線** (astigmatic focal line)。

　　若 $B_d = -A_a/2$，則相對應 $\Delta = -4F^2A_d$，此時橢圓軌跡會變成一最大半徑的圓軌跡，為兩條成像線的全長之一半。由於此成像圓相對應其他位置的成像 (包含高斯成像或者離焦成像) 可能為一最小成像圓，因此，我們稱此為**最小像散模糊圓** (circle of least astigmatic confusion)，且光點標準差在此平面為一最小值。

因為 $\sqrt{2}FA_a$，成像線寬隨著相對於高斯成像點之像高二次方增加，相同的縱向像散亦是為 h'^2 增加。因此，當我們考慮一線狀物體時，則矢狀影像亦為一條線 (長度稍長於 $8FA_a$ 的高斯成像線)。然而，切向影像則為一拋物線，曲率半徑為 $h'^2/16F^2A_a$ 或 $1/4R^2A_a$。同樣地，對於一平面物體，其矢狀影像仍為一平面，但切向影像則為拋物線。要注意的是高度為 h' 的高斯成像，其對應到的縱向像散代表切面影像面在其高度的**弛垂長度** (sag)。

圖 7-4 中顯示一圓輪在切面與矢面 (或是縱切面) 的像散和場曲效應，並且假設圖中的放大倍率為 –1。如同先前的討論，一物點 P 在矢面的成像為矢狀或是放射狀線 P'_s，以及在切面上的成像為切向線 P'_t。而在物體的每一點之成像法都是以此方式成像，所以矢狀影像是由具有清楚的放射線和模糊的圓所組成，而切面影像則是由清楚的圓和模糊的放射線所組成。如果物體所包含的線既不是放射線，也不是切向線，則所成的像在任何平面就不會清楚。

這裡我們必須瞭解到我們所討論的像散，是在一具有軸對稱的光學系統。且當物體在軸上時，其是無像散之現象，這是和**眼睛的像散** (astigmatism of the eye)，即所謂的散光不一樣。眼睛的像散是由一個或是多個折射面造成，而通常是由角膜所引起，角膜可能在某個方向長期受到壓力而變形。而這樣的光學面，即使物點在軸上，其所造成的像仍然為線狀。因此，一個人因像散去看一物點，則會是變成一條線。假設物體由垂直和水平線所組成，就如同窗戶的交

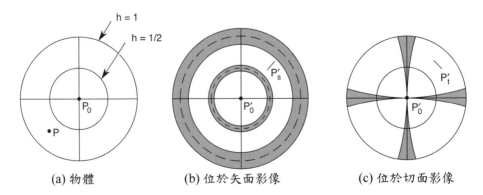

(a) 物體　　　　　　　(b) 位於矢面影像　　　　　(c) 位於切面影像

圖 7-4　假設放大倍率為 –1 的圓輪像散圖。在此以誇大方式來呈現一物點 P 所造成的矢狀和切面影像 P'_s 與 P'_t。而在 (b) 圖中的虛線圓表示高斯成像。

錯線，則有像散的人在同一時間，只能把眼睛聚焦，藉由漸變式調整在水平或垂直的線上，而這可以用上述的圓輪來解釋。

7.6 場曲

場曲的波像差可寫成

$$W(\rho) = A_d \rho^2 = A_d(\xi^2 + \eta^2) \tag{7-27}$$

由於波像差是考慮在軸對稱之情況，因此在高斯像平面上，光線的分佈亦為軸對稱。當光線在出射光瞳為一半徑 ρ 的圓形光線時，而相對應的在像平面上成像圓之半徑，根據 (7-6) 式可寫成

$$r_i = 4FA_d\rho \tag{7-28}$$

它的最大值由邊緣光線所造成，其值為 $4FA_d$，而光點標準差為 $2\sqrt{2}\,FA_d$。

從 1.4 節中的討論，我們知道離焦的像差可表示成 (7-21) 式，而從 (7-21) 式可知其波前為球面波，但球面波之球心並不在高斯成像點。相對的，從高斯成像點沿著光軸距離球心為

$$\Delta = -8F^2 A_d \tag{7-29}$$

(嚴格上來說，是集中在出射光瞳中心和高斯成像點的連線上) 因像差係數 $A_d \sim h'^2$，對於一線狀物體，矢狀影像將為拋物線，其頂點的曲率半徑為 $h'^2 / 16F^2 A_d$ 或 $1/4R^2 A_d$。同樣地，對於一平面物體，其成像為一拋物面。而對於一拋物面光學系統可消除像散，此時我們稱為**帕茲伐像面** (*Petzval image surface*)。

7.7 像散和場曲像差

現在我們考慮結合像散和場曲效應的情況。因此相對應於高斯像點的波前像差可寫成

$$W(\rho, \theta) = A_d \rho^2 \cos^2 \theta + A_d \rho^2 = (A_a + A_d)\xi^2 + A_d \eta^2 \tag{7-30}$$

注意 (7-23) 式中的離焦係數是一變數，當我們給定一物點時，在這裡則是一固定常數。因為 A_a 和 A_d 皆正比於 h'^2，我們可以發現根據 7.5 和 7.6 節的討論，對於一線物體所產生的矢狀和切向影像為拋物線，而其相對應頂點的曲率半徑分別可寫成

$$R_s = h'^2 / 16F^2 A_d = 1 / 4R^2 a_d \tag{7-31}$$

以及

$$R_t = h'^2 / 16F^2 (A_a + A_d) = 1 / 4R^2 (a_a + a_d) \tag{7-32}$$

同樣地，一個平面的物體，其中心在光軸上，則成像會一軸對稱於光軸的拋物面。

結合 (7-31) 式與 (7-32) 式，並根據 (1-28) 式，其中 L 等同於 R，對於球面之折射面的成像，我們可以發現

$$\frac{3}{R_s} - \frac{1}{R_t} = \frac{2}{R_p} \tag{7-33}$$

其結果是帕茲伐面到切面的距離為到矢面距離的三倍，如此可進行三表面弛垂長度的比較，甚至矢面總是在帕茲伐面和切面之間。當沒有像散時，矢面和切面剛好在帕茲伐面上。雖然 (7-33) 式和上述一系列的推論結果，是在一個球面的折射面情況下，但是此結果則可以延伸到任一軸對稱的光學系統。

7.8 畸變像差

畸變的波像差可以寫成

$$W(\rho, \theta) = A_t \rho \cos\theta = A_t \xi \tag{7-34}$$

其中像差係數 A_t 是正比於 h'^3。而相對應的光線像差可寫成

$$(x_i, y_i) = (2\,FA_t, 0) = (Ra_t h'^3, 0) \tag{7-35}$$

由於光線像差與出射光瞳座標 (ρ, θ) 無關，而所有的光線都會匯聚到 $(2\,FA_t, 0)$ 點，而這個點會在 x 軸上且距離高斯成像點為 $2\,FA_t$。因此，畸變的波前像差是傾斜的高斯點，而其傾角為

$$\beta = A_t/a \tag{7-36}$$

而此傾角正比於 h'^3。同樣地，高斯成像點到完美成像點的距離為 $2\,FA_t$，且一樣正比於 h'^3。如圖 7-5 有一個大家熟悉的例子，**枕狀畸變** (*pincushion distortion*) 或**桶狀畸變** (*barrel distortion*) 網格圖，而畸變是枕狀還是桶狀則是取決於 A_t 是正或負值。畸變是常用來量測像的高度比，例如，該比例可用 $100Ra_t h'^2$ 來表示。

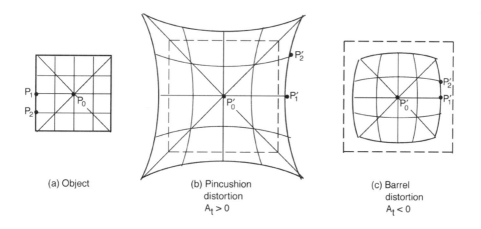

(a) Object

(b) Pincushion distortion $A_t > 0$

(c) Barrel distortion $A_t < 0$

圖 7-5 畸變影像網格圖。(a) 為原物體影像。(b) 當畸變像差係數 A_t 為正值時，我們得到枕狀的畸變圖。(c) 當畸變像差係數 A_t 為負值時，我們得到桶狀的畸變圖。上圖中的虛線表示高斯成像的結果，並且假設放大倍率為 −1.5 倍。故軸上 P_0 點之高斯成像點為 P'_0，而離軸點 P_1 與 P_2 則會因為畸變像差的關係，成像點為 P'_1 與 P'_2。

7.9　光點分佈圖

　　假設一光學系統是沒有任何的像差時，若一物點是球面波，則在出射光瞳位置上的波前就是球面波，而所有在光瞳面上從物體發出來的光最後會匯聚成一高斯成像點。在具有像差的光學系統中，則波前就不再是球面波，而所造成的光線分佈在**光點分布圖** (*spot diagram*) 上，則可以用來描述像差。一個透鏡的設計師，通常會以在入射光瞳上的光點分佈圖來作為光學系統設計的開始，圖7-6 顯示出一般實際上在光瞳面上的光點分佈圖，其中圖 7-6a 中顯示一個直角座標表示的均勻光點分佈圖，而圖 7-6b 則是以六角極座標顯示光點分佈圖。

　　在無任何像差的情況下，在離焦像平面上的光點分佈圖看起來就像在光瞳上的光點分佈圖，只是兩者的比例尺不一樣而已。圖 7-7 顯示在不同像平面上的球面像差光點分佈圖。我們可以顯而易見的發現，在直角座標表示的光瞳面上，點擴散函數是四重對稱而非軸對稱，在六角極座標的情況下，則為六邊形對稱，這些都是一個簡單的人造光點分佈圖。在離焦的情況下，像散的點擴散函數仍為一均勻的光點分佈圖。因此，它的光點分佈圖看起來像橢圓形，而他們亦可以被消除像差成為圓或線的像。圖 7-8 顯示了彗星像差的光點分佈圖，而只有主光線會通過高斯成像點，且該點座標為 (0, 0)，要注意在光點頂部附近上可以看到，在兩種座標下產生不一樣的結果。

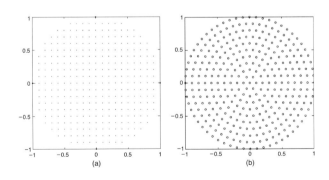

圖 7-6　為光瞳大小對光瞳半徑歸一化後的光點圖。(a) 直角座標形式的均勻光點圖，(b) 為六角極座標形式的同心圓環光點圖。

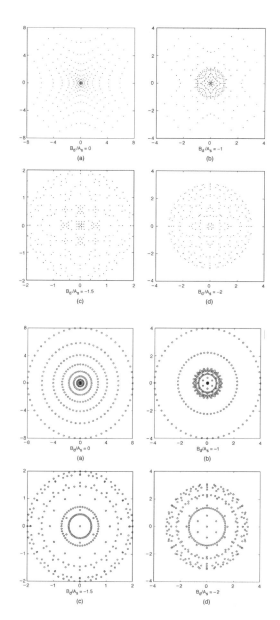

圖 7-7 不同的值時 B_d，在不同成像面上的球面像差之光點分佈圖，其中上圖為直角座標型式，下圖為六角極座標型式。(a) 高斯成像面，(b) 中途面，(c) 最小模糊圓之成像面和 (d) 邊緣光線之成像面。上圖中的光點大小單位為 FA_s，且點擴散函數是四重或是六重對稱，而不是軸對稱，取決於使用哪種座標型式。

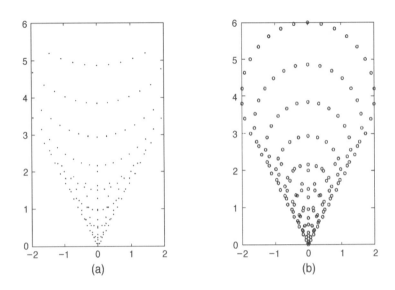

圖 7-8　為彗星像差在光瞳面的光點分佈圖，且單位為。(a) 直角座標之光瞳面，(b) 六角極座標之光瞳面。只有主光線會通過座標上的高斯成像點。

7.10　像差誤差與光學黃金設計法則

　　利用光點分佈圖來作為透鏡的設計是非常一般常見且實際的方法，但實際上光點分佈圖的確並不能用來表示真實所看到的影像。而光學設計師可以考慮一個接近繞射極限的光學系統，假設光點的半徑大小小於 $1.22\,\lambda F$ 倍艾瑞光環，我們將在第八章討論。我們注意到，例如球面像差，若 $A_s \leq 0.15\lambda$，即使在其他成像面上 A_s 很大也一樣。接著我們考慮一個 $6FA_c$ 大小的彗星像差以及像散像差的成像線長為 $8FA_c$，則對於一個光點大小小於艾瑞光環大小，其彗星像差與像散像差的誤差分別為 $A_c \leq 0.4\lambda$ 和 $A_a \leq 0.3\lambda$。像差的誤差會依據光點的大小而改變，我們將其結果整理在表 7-2 中。從表 7-2 中，我們可以粗略地發現它們與瑞利 $\lambda/4$ 法則一致 (可見 8.3.6 節)，而最高值到最低值的相差小於 $\lambda/4$。也因此，這也產生了光學設計的**黃金法則** (*golden rule of optical design*)，設計師努力讓一個小光點的大小接近或等於艾瑞光環，然後開始分析光學系統的像差和繞射等情況 (例如點擴散函數或是調制傳遞函數)。

表 7-2 不同光點大小的像差誤差。

Aberration	Spot radius in Gaussian image plane	Tolerance for near diffraction limit
Spherical A_s	$8FA_s$	$A_s \leq 0.15\lambda$
Coma A_c	$3FA_c$	$A_c \leq 0.4\lambda$
Astigmatism A_a	$4FA_a$	$A_a \leq 0.3\lambda$
Defocus B_d	$4FB_d$	$B_d \leq 0.3\lambda$

    焦深 (*depth of focus*) (用來給定所觀察成像面的位置誤差) 可以由 (7-28) 與 (7-29) 式得到。因此在光點大小接近或等於艾瑞光環時，離焦像差的誤差為 $B_d \leq 0.3\lambda$，而我們可得到焦深為 $2.4\,\lambda F^2$。相對的，**景深** (*depth of field*) (當固定觀察面時，用來給出物體放置位置的誤差)，可以被所焦深除以縱向放大率所決定。同樣地，畸變像差誤差對於一系列的**視線誤差** (*line-of-sight error*) 可從 (7-36) 式得出。

7.11 總結

    在沒有像差的成像系統中，一物點的成像是一個點，而所有從物體發出的光線會通過光學系統，並且經過高斯成像點。在有像差的光學系統中，成像面上高斯像點附近的光線分佈圖，我們稱為光點分佈圖。而像差的品質可以由光點大小、標準差和質心來決定。本節中所討論的球面像差與像散像差，其可以引入離焦來降低像差，也就是找出一個較好的觀測面而不是原本的高斯成像面。在本節中最小的光點指的是最小模糊圓，且用來縮小光點大小的方法，就被稱為消像差或是像差平衡。一個光學設計師，在一開始設計時會看光點分佈圖，並且考慮如同艾瑞光環的繞射點大小 (將在第八章中討論)。

PART II

Wave Diffraction Optics

Chapter 8

圓形光瞳系統

本章大綱

CHAPTER 8
圓形光瞳系統

8.1 簡介

在本章節中，我們考慮一個具有**圓形出射光瞳** (*circular exit pupil*) 的系統並且以出射光瞳處物體的繞射來探討其成像品質。利用點光源在成像後產生的像的光分佈又稱**繞射點擴散函數** (*diffraction point-spread function, PSF*) 作為基礎來探討本章之內容。此方程式相當適合用於計算圓形孔徑造成的**繞射圖形** (*diffraction pattern*)。此後，在某種條件下，一個**非同調物** (*incoherent object*) 的繞射影像可以用它的高斯成像與系統的**摺積** (*convolution*) 來表示 [1-3]，而此點擴散函數的計算是基於光學成像理論。為了瞭解成像像差造成的影響，先了解理想無像差點擴散函數是不可或缺的。因此，我們簡單地定義理想點光源產生的無像差影像的特性。

在含有像差影像的分析，我們將會依序地介紹，首先我們討論沿著光瞳軸上之**離焦影像** (*defocused image*) 以及輻射照度。接著，含有像差以及不含像差影像之中心處點擴散函數值數值的比值，稱**斯特列爾比值** (*Strehl ratio*)，以及遍及整個光瞳像差變異量將被發展。**初級像差** (*primary aberration*) 的近似結果將被拿來與相同精準的結果作比較來計算簡單斯特列爾比值方程式的正確範圍。一個在孔徑座標上的特定階之像差是由一個或多個低階像差混合或者平衡來使其變異量縮至最小，藉此將斯特列爾比值提升至最大，此為**像差平衡** (*aberration balancing*) 的概念。初級像差或是平衡後初級像差 (balanced primary aberration) 由斯特列爾比值為 0.8 的像差容忍度來決定。在本章中，瑞利的**四分之一波法則** (*Rayleigh's quarter-wave rule*) 將在此章被簡單地討論，並且利用**澤尼克圓形多項式** (*Zernike circle polynomial*) 來確認平衡後的像差。初級像差的各種不同量的點擴散函數將被提出，在高斯成像內或者相關的**對稱特性** (*symmetry porperty*) 也在此章被描述。

　　由於利用非同調等量的物的高斯成像與其成像系統的點擴散函數的摺積來定義它的繞射成像，繞射成像的**空間頻譜** (*spatial frequency spectrum*) 將藉由高斯成像與**光學傳遞函數** (*optical transfer function, OTF*) 的頻譜產物來定義 [1-3]，系統的 OTF 與其點擴散函數的傅氏轉換是相同的，這對於光學成像理論是相當基礎的。一個無像差系統且具有圓形孔徑的光學傳遞函數將被決定，而其如何受到像差影響也將被討論。**霍普金斯比值** (*Hopkins ratio*) 的概念，代表光學傳遞函數的大小，與頻譜中心的比值，在含有像差以及不含像差的情況下將被引入。霍普金斯比值為 0.8 的初級像差容忍度將被提出討論。最後，我們考慮一個散焦系統的成像來描述一個物體特定空間頻率的**對比反轉** (*contrast reversal*)。

8.2　點擴散函數 (PSF)

　　在本節中，我們給一個通式來描述一個圓形出射光瞳系統且具有像差的點擴散函數。我們給出無像差點擴散函數封閉形式解析解，以及以高斯像點為中心的環狀功率分布。離焦的點擴散函數與匯聚成像光束的軸上輻射照度值是我們要考慮的下一步。例如，一個無像差系統對等的照度分布對於高斯成像面是不對稱的，除非所觀察到的高斯成像點的孔徑菲涅耳數 (在後文中定義) 是非常大的。研究成像像差的影響是本章基礎的目的。

8.2.1　具有像差的點擴散函數

　　考慮一個波長為 λ 的點光源對一個圓形出射光瞳半徑為 a 的具有像差的光學系統成像。出射光瞳面上與高斯成像面的距離為 R，$\Phi(\rho, \theta)$ 為位於出射光瞳平面上 (ρ, θ) 的點的**相位像差** (*phase aberration*)，其中 ρ 的單位為 a。根據 $\Phi = (2\pi/\lambda)W$，相位像差 Φ 與前章考慮的**波像差** (*wave aberration*) $W(\rho, \theta)$ 是相關的。在光軸上或者 z 軸上垂直且距離出射光瞳平面為 z 的平面上的繞射點擴散函數或者成像的輻射照度分布可表示為

$$I(r, \theta_i; z) = \frac{PS_p}{\pi^2 \lambda^2 z^2} \left| \int\limits_0^1 \int\limits_0^{2\pi} \exp[i\Phi(\rho, \theta)] \exp[-\pi i \frac{R}{z} \rho r \cos(\theta - \theta_i)] \rho d\rho d\theta \right|^2 \quad (8\text{-}1)$$

其中 (r, θ_i) 是觀測點有關於出射光瞳中心與高斯成像點的連線交錯於觀測面的極座標，r 的單位是 λF ($F = R/2a$ 是成像區光錐的**焦比** (focal ratio) 或 F 值 (f-number))，P 是出射光瞳的總光功率，因此在影像中，$S_p = \pi a^2$ 為系統出射光瞳的面積。嚴格地說，系統的點擴散函數表示一個點光源在像平面上的總光功率的輻射照度分布。因此，輻射照度的單位是 W/m^2，點擴散函數的單位是 m^{-2}。對於位於 x 軸正向的切面的光瞳與觀測點夾角 θ 與 θ_i 皆為 0。在前面一章中，物點位於沿著 x 軸方向所以 zx 平面為切面。

函數 $\exp[i\Phi(\rho, \theta)]$ 為系統的**光瞳函數** (pupil function)。一個具有像差 $\Phi(\rho, \theta)$ 的系統與延展物件的所有點大致上相同稱為**等量** (isoplanatic)。由這樣的系統形成的非同調物的成像是可由高斯成像與系統的點擴散函數摺積運算來得到，換言之，可由加入它的成像面的輻射照度分布來得到。同樣地，一個同調物 (coherent object) 由這樣的系統成像的複數振幅分布可由加入其成像面的複數振幅分布來獲得。

系統的點擴散函數在幾個不同方面與波長 λ 有關。由 (8-1) 式來看，首先，某波長在出射光瞳的光功率 P (嚴格地說，在某平均波長的窄頻寬中) 可能與其他波長下不同。這變化依照物的空間輝度分布與系統的穿透率。第二點，照度分布與波長負 2 次方成正比。它將影響點擴散函數的亮度：波長越短，點擴散函數越亮。第三，如果系統有一個或者多個色散型的元件，波像差也許會取決於波長。即使系統無色散，相位像差與其成反比。因此，點擴散函數的像差影響在兩個不同波長下是不同的。第四，變數 r 將對波長歸一化。它影響點擴散函數的大小：波長越短，點擴散函數越小。然而，短波長也意謂著較大的相位像差，因此，由像差影響的點擴散函數將更加擴散。白光或者多色光的點擴散函數可由在成像面輻射的空間分布的單色點擴散函數積分來計算。

8.2.2　無像差的點擴散函數

可以證明無像差時的輻射照度分布，可由 (8-1) 式獲得。令 $\Phi(\rho, \theta) = 0$ 且 $z = R$ 時，無像差的輻射照度分布可表示成

$$I(r; R) = \frac{PS_p}{\lambda^2 R^2} \left[\frac{2 J_1(\pi r)}{\pi r} \right]^2 \tag{8-2}$$

其中，$J_1(\cdot)$ 是第一類的第一階**貝索函數** (*Bessel function*)。利用中心值 $PS_p / \lambda^2 R^2$ 做歸一化分布，如圖 8-1a 所示。此分布叫作**艾瑞圖形** (*Airy pattern*) [4]，其 2D 圖如圖 8-1b 所示。它組成的一亮點，稱為**艾瑞光盤** (*Airy disk*)，其被其他的亮暗環圍繞。此包含一個在高斯成像點 $r = 0$ 處的半徑為 r_c (單位為 λF) 的圓的光功率為

$$P(r_c) = 1 - J_0^2(\pi r_c) - J_1^2(\pi r_c) \tag{8-3}$$

這被總功率 P 歸一化的環狀功率分布也被表示於圖 8-1a。這輻射照度分布的最大值與最小值，以及這些點的輻射照度值列於表 8-1。這些最小值與最大值的位置分別符合 $J_1(\pi r) = 0$ 與 $J_2(\pi r) = 0$ 的根，其中 $J_2(\cdot)$ 是第一類的第二階貝索函數。符合最小值的環狀功率分布為 $1 - J_0^2(\pi r_m)$，其中 r_m 表示在最小值情況下的 r 值。半徑為 1.22 的中心亮點包含了 83.8% 的總功率。注意輻射照度分布的最大值位於 $r = 0$ 處，其中海更斯球面波源自於出射光瞳的建設性干涉。物體的無像差影像也叫做**繞射極限影像** (*diffraction-limit image*) (是由於物體在系統出射光瞳的繞射限制了影像品質)。要注意的是，艾瑞光盤的半徑隨著波長線性遞增而中心照度隨之平方遞減。

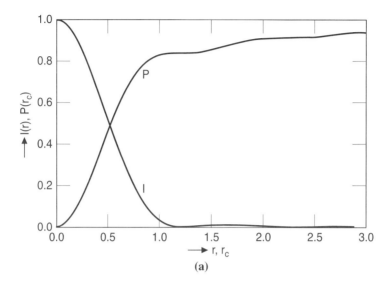

(a)

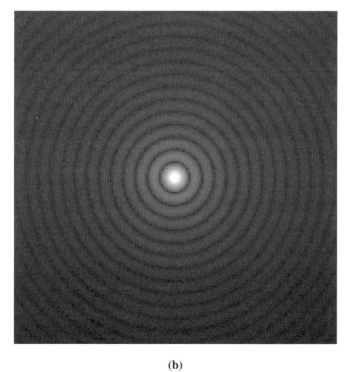

(b)

圖 8-1 (a) 一個圓形孔徑的無像差系統其輻射照度與環狀功率分布。(b) 二維點擴散函數 (2D PSF)，又稱為艾瑞圖形。

表 8-1 點擴散函數輻射照度和環形功率以及所對應點擴散函數之最大值與最小值。輻射照度值對中心值做歸一化 $Ii(0) = PSp / λ2R2$，以及環形功率分布是對出射光瞳上總功率 P 做歸一化。因此在影像上 r 和 rc 單位為 $λF$。

Max/Min	r, r_c	$I(r)$	$P(r_c)$
Max	0	1	0
Min	1.22	0	0.838
Max	1.64	0.0175	0.867
Min	2.23	0	0.910
Max	2.68	0.0042	0.922
Min	3.24	0	0.938
Max	3.70	0.0016	0.944
Min	4.24	0	0.952
Max	4.71	0.0008	0.957

8.2.3 旋轉對稱的點擴散函數

對於徑向對稱的像差 $Φ(ρ)$ 完成角度上的積分，(8-1) 式將簡化為

$$I(r; z) = \frac{4PS_p}{λ^2 z^2} \left| \int_0^1 \exp[iΦ(ρ)] J_0(πrρR / z) ρd ρ \right|^2 \tag{8-4}$$

由式 (8-4) 可以清楚地看到輻射照度分布對於 z 軸旋轉對稱。因此，它徑向對稱於任何垂直於它的觀測面。此外它與 $Φ(ρ)$ 的正負號無關 (當改變 i 成 $-i$ 時將被觀察到)。

8.2.4 離焦的點擴散函數

如果成像系統無像差但觀察面所在平面 $z \neq R$，那成像將具有離焦像差 (參考 1.4 節)，可表示為

$$Φ(ρ; z) = B_d(z) ρ^2 \tag{8-5}$$

其中

$$B_d(z) = \frac{\pi a^2}{\lambda}\left(\frac{1}{z} - \frac{1}{R}\right) \tag{8-6a}$$

$$= \pi N\left(\frac{R}{z} - 1\right) \tag{8-6b}$$

為離焦像差的峰值。在 (8-6b) 式中，$N = a^2/\lambda R$ 是在高斯像平面中心觀察出射光瞳的**菲涅耳數** (*Fresnel number*)。因此，出射光瞳的邊緣根據從高斯像平面的中心近似以 $N\lambda/2$ 遠離其中心，N 是在**出射光瞳半波區** (*half-wave zone*) 的菲涅耳數。

　　從 (8-1) 式我們注意到 $z = R$ 在處輻射照度分布是不對稱的，換言之，其分布在 $z = R \pm \Delta$ 的平面上是不完全相同的，其中 Δ 是縱向離焦，即使系統為無像差亦為如此。而有三個原因造成不對稱，第一，z 方向的負二次方定律在 $z > R$ 時輻射照度增加且在 $z > R$ 時減少。第二，由於這兩個平面離焦像差係數不同，B_d 是不對稱的，可參考 (8-6) 式。第三，(8-1) 式的指數項，決定的影像大小與 z 有關。

　　對於系統較小的菲涅耳數 $N \lesssim 5$ 時，z 可以與 R 有很大的不同，用於 B_d 時達到了顯著的價值。因此，上面提到的三個因素皆有助於在平面 $z = R$ 時輻射照度分布的不對稱性。這樣做產生的一個結果是在 z 軸上以及附近的點，$z > R$ 時的輻射照度大於 $z = R$ 時的情況。舉例來說，直徑 25 cm、波長 10.6 μm 的光束，在 $N = 1$ 時，聚焦在 1.5 km 遠的地方，斯特列爾比值 (在下一節中討論，其精確值對 (8-7) 式括號中平方得到) 為 0.8 時得到兩個 z 值，1 km 和 3km，主要軸上輻射照度極大值發生在的 $0.6R = 0.9$ km 地方。

　　如果系統的菲涅耳數非常大 ($N \gg 10$)，即使 z 與 R 之間只有一點點差異，B_d 值依然變大。例如，$a = 1$ cm 的攝影系統，且 $\lambda = 0.5$ μm、$R = 10$ cm，則對應到 $N = 2000$ 且 $z = R \pm 25$ μm 時，其斯特列爾比值為 0.8。因此，這樣的系統的離焦容忍度描述了 z 與 R 差不多相同。於是根據 (8-6a) 式，我們注意到兩個觀測面 $z = R \pm \Delta$ 符合縱向離焦係數 $B_d = \mp \pi \Delta / 4\lambda F^2$。由於這些係數大致相同但在正負號是相反的，讓 (8-4) 式中 $\Phi(\rho) = B_d \rho^2$，我們發現大菲涅耳數的無像差系統的輻射照度分布對於高斯像平面 $z = R$ 是對稱的。

8.2.5　軸上的輻射照度

如果我們令 (8-1) 式中的 $r = 0$，我們獲得 z 軸上的輻射照度 (嚴格地說，沿著出射光瞳中心與高斯成像點的連線)。對於一個無像差的系統，軸上的輻射照度表示為

$$I(0; z) = \frac{PS_p}{\lambda^2 z^2} \left(\frac{\sin B_d/2}{B_d/2} \right)^2 \tag{8-7}$$

圖 8-2 可看出輻射照度值在 $N = 1$、10 與 100 的系統，隨著 z 值變化[5]。我們注意到當 $N = 1$ 時對於高斯成像點 $(z = R)$ 是極不對稱的，但當 N 愈來愈大它將愈對稱。對於一個高斯光瞳 (第九章所討論的單一誤差參數) 的軸上輻射照度也是表示於此張圖上。軸上輻射照度的主要最大值不會落在聚焦點上，除非 N 非常大。聚焦系統在目標上的中心最大輻射照度永遠會發生在當此光束聚焦時[5]。由圖 8-2 可得知，明顯的**焦深** (depth of focus) 將隨著 N 增加而減少。

8.3　斯特列爾比值

現在我們考慮一個像差系統並且討論中心的點擴散函數值如何受到系統像

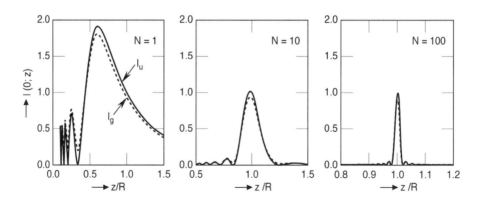

圖 8-2　圓形光束聚焦於距離 R 時，軸上輻射照度值隨著 $N = 1$，10 與 100 的系統變化。輻射照度值的單位為聚焦點的照度 $PS_p/\lambda^2 R^2$。下標 u 與 g 分別為均勻與截短高斯光束，高斯光束的情形將在第九章討論。

差的影響，由此介紹**斯特列爾比值** (*Strehl ratio*) 的概念。就像差在系統的出射光瞳變化量而言，我們獲得一簡單但近似的式子來描述斯特列爾比值。我們介紹某階像差在光瞳座標上的像差平衡概念，藉由一個或者多個低階像差平衡來獲得其最小變異量並得到最大的斯特列爾比值。我們給初級與被平衡的初級像差一個像差容忍度來符合 0.8 的斯特列爾比值。**瑞利四分之一波法則** (*Rayleigh's quarter-wave rule*) 的簡單探討將在此節介紹，並且被平衡的初級像差與**澤尼克圓形多項式** (*Zernike circle polynomial*) 是相符的。

8.3.1 通用表示式

一個成像或者系統的**斯特列爾輻射照度比值** (*Strehl irradiance ratio*)，被定義為在平面上影像中心有無像差的輻射照度值比。根據式 (8-1) 可得

$$S = \pi^{-2} \left| \int_0^1 \int_0^{2\pi} \exp[i\Phi(\rho, \theta)] \rho\, d\rho\, d\theta \right|^2 \tag{8-8}$$

$$= |\langle \exp[i(\Phi - \langle\Phi\rangle)] \rangle|^2$$

$$= \langle \cos(\Phi - \langle\Phi\rangle) \rangle^2 + \langle \sin(\Phi - \langle\Phi\rangle) \rangle^2$$

$$\geq \langle \cos(\Phi - \langle\Phi\rangle) \rangle^2 \tag{8-9}$$

其中括弧 $\langle \cdot \rangle$ 中為在整個光瞳中的平均值。展開餘弦方程並保留前兩項低階的像差產生 Maréchal 結果 [6]

$$S \gtrsim (1 - \sigma_\Phi^2 / 2)^2 \tag{8-10}$$

其中

$$\sigma_\Phi^2 = \langle (\Phi - \langle\Phi\rangle)^2 \rangle$$

$$= \langle \Phi^2 \rangle - \langle\Phi\rangle^2 \tag{8-11}$$

是在光瞳中相位像差的**變異量** (*variance*)。注意到

$$\langle \Phi^n \rangle = \pi^{-1} \int_0^1 \int_0^{2\pi} \Phi^n(\rho, \theta) \rho\, d\rho\, d\theta \tag{8-12}$$

對於小的**標準差** (*standard deviation*) σ_Φ，在本節中，我們用三個近似表示式

$$S_1 \simeq (1 - \sigma_\Phi^2 / 2)^2 \tag{8-13}$$

$$S_2 \simeq 1 - \sigma_\Phi^2 \tag{8-14}$$

$$S_3 \simeq \exp(-\sigma_\Phi^2) \tag{8-15}$$

第一個是 *Maréchal* **公式** (*Maréchal formula*)，第二個是一般當 σ_Φ^4 被忽略時所使用的表示式[7]，第三是經驗公式，對於不同的像差擬合實際的數值結果。我們注意到小像差的斯特列爾比值與其型式無關但只與在光瞳的變異量有關。

8.3.2　初級像差

表 8-2 給出一初級像差的標準差 σ_Φ 的表格，在此像差係數代表了像差的峰值 (標註在表中平衡後像差將在下章被考慮)。將其與下章會考慮的像差係數 a_j 作比較，我們注意到，例如，$A_c = a_c h' a^3$，其中 h' 為系統光軸上高斯像點的像高。它也列出斯特列爾比值為 0.8 的像差係數 A_i 的容忍度。列在表 8-2 的**光學容忍度** (*optical tolerance*) 是對於波像差係數的，此為光學上的習慣。0.8 的斯特列爾比值對應到標準差 $\sigma_W = \lambda / 14$ 的像差。

8.3.3　平衡後初級像差

在第七章，我們討論光線的像差，我們混合不同像差來縮小成像面光點的大小。例如，在球面像差的例子中，最小模糊圓位於高斯成像面到邊緣像平面之間 3/4 的平面上。最小模糊圓的半徑在高斯像平面上的 1/4 光點半徑。同樣地，在像散的例子中，它位於矢面 (高斯像平面) 與切面的中途面，其直徑為兩平面上影像線長的一半。

對於一個小的像差，當像差變異量最小時，斯特列爾比值最大，最佳成像面是一個符合最小變異量的面。因此舉例來說，我們利用離焦像差來平衡球面像差可並且寫成

$$\Phi(\rho) = A_s \rho^4 + B_d \rho^2 \qquad (8\text{-}16)$$

我們計算離焦像差 B_d 的量時考慮 σ_Φ^2 變異量為最小。換言之，我們計算 σ_Φ 並且令

$$\frac{\partial \sigma_\Phi^2}{\partial B_d} = 0 \qquad (8\text{-}17)$$

來計算出 B_d。持續這個方式，我們找到一個最佳的值為 $B_d = -A_s$。優化後平衡像差的標準差為 $A_s/6\sqrt{5}$，比 $B_d = 0$ 時的標準差小 4 倍。由於經由離焦像差平衡後的球面像差，已經減少 4 倍標準差，其光學容忍度亦增加相同的倍數。由 1.4 節，一個平面上 $B_d = -A_s$ 的離焦像差，藉由觀察某個遠離出射光瞳的高斯平面的影像來介紹。此外，由於 $B_d = 0$ 與 $B_d = -2A_s$ 分別對應到高斯與邊緣成像面，根據繞射，我們注意到最佳成像面是在它們之間的**中途面** (*midway*)。這與包含最小模糊圓符合 $B_d = -1.5A_s$ 的平面不同。

　　彗星像差與像散像差可以被同樣地看待。表 8-2 列出平衡後初級像差，以及其標準差和斯特列爾比值為 0.8 的容忍度。我們注意彗星像差的情況，其平衡像差為波前傾斜，平衡係數為負三分之二乘上彗星像差的係數。因此，最大的斯特列爾比值在距離高斯成像點 $(4F_c/3, 0)$ 的位置，但該點在高斯像平面上。藉由適合的波前傾斜來平衡彗星像差，其標準差降低了 3 倍。在像散像差的例子中，最佳斯特列爾比值在遠離高斯平面為 $4F^2 A_a$ 的平面上獲得。如同在第七章的討論中，這也是最小模糊圓的平面。藉由離焦像差來平衡，像散像差的標準差被降低了 1.225 倍。觀察像差變異量為最小的點，並且該點的輻射照度為最大值，稱為**繞射焦點** (*diffraction focus*)。

8.3.4　近似值與精準值的結果比較

　　初級像差的斯特列爾比值如何隨著他的標準差變化，如圖 8-3 所示，近似值與精準值皆被標示在這張圖中 [8]，這精準的結果是利用 (8-8) 式得到。對於給定的像差與相應的平衡後像差曲線可以藉由在大標準差 σ_Φ (接 0.25λ 近) 的個別行為而彼此區別。舉例說明，彗星像差以均勻虛線曲線表示；較高的虛線曲線

表 8-2　初級像差及其標準差、像差係數值、像差峰值與斯特列爾比值為 0.8 時波峰至波谷的像差。

Aberration	$\Phi(\rho, \theta)$	σ_Φ	W_p	W_{p-v}	$S = 0.8$ A_i	$S = 0.8$ $|W_p|$	$S = 0.8$ W_{p-v}
Spherical	$A_s \rho^4$	$\dfrac{2A_s}{3\sqrt{5}}$	A_s	A_s	0.25	0.25	0.25
Balanced spherical	$A_s(\rho^4 - \rho^2)$	$\dfrac{A_s}{6\sqrt{5}}$	$\dfrac{A_s}{4}$	$\dfrac{A_s}{4}$	1	0.25	0.25
Coma	$A_c \rho^3 \cos\theta$	$\dfrac{A_s}{2\sqrt{2}}$	A_c	$2A_c$	0.21	0.42	0.42
Balanced coma	$A_c(\rho^3 - 2\rho/3)\cos\theta$	$\dfrac{A_c}{6\sqrt{2}}$	$\dfrac{A_c}{3}$	$\dfrac{2A_c}{3}$	0.63	0.21	0.42
Astigmatism	$A_a \rho^2 \cos^2\theta$	$\dfrac{A_a}{4}$	A_a	A_a	0.30	0.30	0.30
Balanced astigmatism	$A_a\rho^2(\cos^2\theta - 1/2)$ $= (A_a/2)\rho^2 \cos 2\theta$	$\dfrac{A_a}{2\sqrt{6}}$	$\dfrac{A_a}{2}$	A_a	0.37	0.18	0.37

是彗星像差以及較低的是平衡過後的彗星像差，同樣的情形適用於像散像差。由於球面像差和平衡後球面像差，對於給定的 σ_w 值，斯特列爾比值相同，對應到兩個像差的曲線為相同的曲線。由圖 8-3 可得到下列觀察結果：

i. 對於小的 σ_w 值，斯特列爾比值與像差的種類無關，只跟其變異量有關。

ii. S_1 與 S_2 的表示方式低估了實際的斯特列爾比值 S。

iii. S_3 的表示方式只會於彗星像差與像散像差低估實際的斯特列爾比值 S；對於其他像差則會高估。數值分析顯示誤差量，定義為 $100(1 - S_3/S)$，當 $S > 0.3$ 時，誤差量小於 10%。

iv. S_3 比 S_1 與 S_2 的表示方式對於實際的斯特列爾比值給出更好的近似值。這原因是對於小的 σ_w 值，它的近似值較 S_1 大 $\sigma_\Phi^4/4$。當然，S_1 值較 S_2 值大 $\sigma_\Phi^4/4$。

v. 斯特列爾比值與像差的標準差極為相關，但與大範圍內詳細分布的斯特列爾比值較無關。

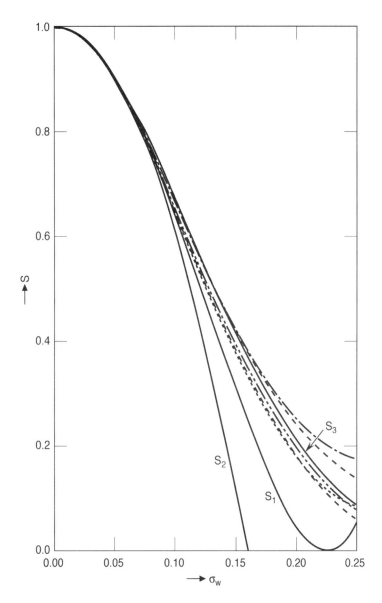

圖 8-3 初級像差斯特列爾比值,為其標準差 σ_w 的函數,單位為光學波長 λ。對於較大 σ_w 值,彗星像差和像散像差之斯特列爾比值較相應的平衡後像差之值大。對於相同 σ_w 值,球面像差和平衡後球面像差的斯特列爾比值是相同的,$\sigma_\Phi = (2\pi/\lambda)\,\sigma_w$。球面像差和平衡後球面像差……,彗星像差 ------,像散像差 —·—·—·。

8.3.5　非最佳平衡後像差的斯特列爾比值

　　當某個像差被其他像差平衡來縮小它的變異量時，被平衡的像差不需要產生較高或者最高可能性的斯特列爾比值。對於小的像差，當變異量是最小時，最大的斯特列爾比值根據 (8-13) 式至 (8-15) 式獲得。對於大的像差，然而，在斯特列爾比值與像差變異量中沒有簡單的關係式。舉例來說[9]，當 $A_s = 3\lambda$，離焦像差最佳值為 $B_d = -3\lambda$，但斯特列爾比值為最小值，其值為 0.12。斯特列爾比值在 $B_d = -4\lambda$ 或 -2λ 時為最大值 0.26。對於 $A_s \lesssim 2.3\lambda$ 時，軸上輻射照度值為最大而像差變異量為最小。同樣地，在彗星像差的例子中，若 $A_c \lesssim 0.7\lambda$，像平面最大的輻射照度值發生在像差變異量只有最小，此時反過來對應於 $S \gtrsim 0.76$。對於大的值，輻射照度最大值的點的距離不會隨著它的值線性增加甚至影響到其他區域[10]。此外，當 $A_c > 2.3\lambda$，**賽德彗星像差** (*Seidel coma*) 得到比平衡後的彗星像差還大的斯特列爾比值。換言之，像面上原點的輻射照度值大於像差變異量最小的點。因此，只有大的斯特列爾比值，在最大的像差變異量點上輻射照度值最大。

　　當**次級球面像差** (*secondary spherical aberration*) (ρ^6 項) 與**次級彗星像差** (*secondary coma*) ($\rho^5 \cos\theta$) 由低階像差縮小它們的變異量來平衡，發現到只有在它的值大於 0.5 時可獲得最大的斯特列爾比值[11]。除此之外，產生大於最小可能變異量的混合像差可得到一個比最小變異量混合還大的斯特列爾比值。

8.3.6　瑞利四分之一波法則

　　瑞利[12]提出初級球面像差的四分之一波理論降低高斯成像點的輻射照度約 20%。換言之，而此像差的斯特列爾比值為 0.8。這結果帶到瑞利**四分之一波法則** (*Rayleigh's quarter-wave rule*)，即果像差在光瞳中任何點的最大像差絕對值為 $\lambda/4$ 時，斯特列爾比值近似 0.8。這定義上的變體為具有像差的波前，位於兩個同心球之間，間隔四分之一波長，可得到一個近似 0.8 的斯特列爾比值。因此，取代 $|W_p| = \lambda/4$，我們要求 $W_{p-v} = \lambda/4$，其中 $|W_p|$ 是**峰值絕對值** (*peak absolute value*)，W_{p-v} 是像差**峰-谷值** (*peak-to-valley value*)。從表 8-2 可知，對

於只有球面像差 $|W_p| = \lambda/4 = W_{p-v}$，我們注意到其斯特列爾比值為 0.8。對於其他初級像差，截然不同的 $|W_p|$ 和 W_{p-v} 值得到斯特列爾比值為 0.8。在表 8-2 中，像差係數亦得到 $|W_p|$ 和 W_{p-v} 值。因此，對於估計斯特列爾比值，我們利用 σ_w 是非常有利的。當 $\sigma_w \lesssim \lambda/14$ 時，斯特列爾比值為 $S \gtrsim 0.8$。

8.3.7 平衡後像差與澤尼克圓形多項式

在圓形出射光瞳上某個物點，其系統相位像差函數可以展開成一個**澤尼克圓形多項式** [1,2](*Zernike circle polynomial*) $Z_n^m(\rho, \theta)$ 的完整集合，在一單位圓內為正交形式並且可以寫成

$$\Phi(\rho) = \sum_{n=0}^{\infty} \sum_{m=0}^{n} c_{nm} Z_n^m(\rho, \theta), \quad 0 \leq \rho \leq 1, \, 0 \leq \theta \leq 2\pi \tag{8-18}$$

其中，c_{nm} 為正交歸一化展開係數並與物體的位置有關，n 和 m 為正整數包括 0，$n - m \geq 0$ 且為偶數，以及

$$Z_n^m(\rho, \theta) = [2(n+1)/(1+\delta_{m0})]^{1/2} R_n^m(\rho) \cos m\theta \tag{8-19}$$

在此，δ_{ij} 是**克洛尼克** δ(*Kronecker delta*)，以及

$$R_n{}^m(\rho) = \sum_{s=0}^{(n-m)/2} \frac{(-1)^s (n-s)!}{s!\left(\dfrac{n+m}{2} - s\right)!\left(\dfrac{n-m}{2} - s\right)!} \rho^{n-2s} \tag{8-20}$$

是一個 ρ 的 n 階徑向多項式，其中包括 ρ^n、$\rho^{n-2}\cdots\rho^m$ 項。徑向圓形多項式 $R_n^m(\rho)$ 可為奇數或偶數階，取決於 n 或 m 為奇數或是偶數。還有 $R_n^n(\rho) = \rho^n$、$R_n^m(1) = 1$ 以及對於偶數的 $n/2$，$R_n^m(0) = \delta_{m0}$；而對於奇數的 $n/2$，$R_n^m(0) = -\delta_{m0}$。而多項式 $R_n^m(\rho)$ 遵守正交關係

$$\int_0^1 R_n^m(\rho) R_{n'}^m(\rho) \rho d\rho = \frac{1}{2(n+1)} \delta_{nn'} \tag{8-21}$$

正交化的角度函數遵守

$$\int_0^{2\pi} \cos m\theta \cos m'\theta d\theta = \pi(1 + \delta_{m0}) \, \delta_{mm'} \tag{8-22}$$

因此，多項式根據下式歸一化正交

$$\frac{1}{\pi} \int_0^1 \int_0^{2\pi} Z_n^m(\rho, \theta) Z_{n'}^{m'}(\rho, \theta) \, \rho d \, \rho d\theta = \delta_{nn'} \delta_{mm'} \tag{8-23}$$

此正交歸一化澤尼克展開係數為

$$c_{nm} = \frac{1}{\pi} \int_0^1 \int_0^{2\pi} \Phi(\rho, \theta) Z_n^m(\rho, \theta) \, \rho d \, \rho d\theta \tag{8-24}$$

代入 (8-18) 式並利用多項式的正交歸一化性質。

對於 $n \leq 8$ 之正交歸一化澤尼克多項式和其相關像差形式的列於條 8-3 上。與角度 θ 無關的多項式是球面像差，隨 $\cos\theta$ 變化的是彗星像差，隨 $\cos 2\theta$ 變化的是像散像差。澤尼克或是正交像差在像差函數展開式中的階數 n 由下式給定

$$N_n = \left(\frac{n}{2} + 1\right)^2 \text{ for even n,} \tag{8-25a, b}$$
$$= (n + 1)(n + 3)/4 \text{ for odd n.}$$

每個正交歸一展開係數，包含 c_{00}，代表相對應的像差項之標準差。像差函數的變異量根據下式得到

$$\sigma_\Phi^2 = \langle \Phi^2(\rho, \theta) \rangle - \langle \Phi(\rho, \theta) \rangle^2$$
$$= \sum_{n=0}^{\infty} \sum_{m=0}^{n} c_{nm}^2 - c_{00}^2 \tag{8-26}$$
$$= \sum_{n=1}^{\infty} \sum_{m=0}^{n} c_{nm}^2$$

除非像差的平均值 $\langle \Phi \rangle = c_{00} = 0$，$\sigma_\Phi \neq \Phi_{rms}$，在此 $\Phi_{rms} = \langle \Phi^2 \rangle^{1/2}$ 為像差的方均根值。

根據表 8-3，利用澤尼克圓形多項式可用來確認被平衡後的像差。舉例來說，Z_2^2、Z_3^1 與 Z_4^0 分別表示平衡過後的像散像差、彗星像差以及球面像差。

對於一個明確的理由，在此形式中的被平衡過的像差與澤尼克或者**正交像差** (*orthogonal aberration*) 有所關連。Z_4^0 的常數項使其平均值為 0，與它相應的平衡後像差之標準差或者斯特列爾比值不會被改變。在某種意義上，此圓形多項式是唯一的，它們在單位圓上是唯一的正交歸一化多項式並代表平衡後的像差。

在這沒有軸上旋轉對稱的系統中，以製造誤差為例，像差函數將不但組成 $\cos m\theta$ 而且也組成 $\sin m\theta$。在這樣例子中，相位像差函數可被寫成正交歸一化澤尼克圓形多項式 $Z_j(\rho, \theta)$ 的形式

$$\Phi(\rho, \theta) = \sum_{j=1} a_j Z_j(\rho, \theta), \; 0 \le \rho \le 1, \; 0 \le \theta \le 2\pi \tag{8-27}$$

$$Z_{even\,j}(\rho, \theta) = \sqrt{2(n+1)}\, R_n^m(\rho) \cos m\theta, \; m \ne 0 \tag{8-28a}$$

$$Z_{odd\,j}(\rho, \theta) = \sqrt{2(n+1)}\, R_n^m(\rho) \sin m\theta, \; m \ne 0 \tag{8-28b}$$

$$Z_j(\rho, \theta) = \sqrt{n+1}\, R_n^0(\rho), \; m = 0 \tag{8-28c}$$

下標 j 是多項式階數，其同為徑向角度 n 與方位角頻率 m 的函數。這多項式是有次序的，對於一偶數 j 相應之對稱多項式隨著 $\cos m\theta$ 變化，以及對於一奇數 j 相應之非對稱多項式隨著 $\sin m\theta$ 變化。n 值較小的多項式為優先順位，對於一個給定的 n 值，m 值較小的多項式列為優先順位。

此多項式正交歸一化是根據

$$\int_0^1 \int_0^{2\pi} Z_j(\rho, \theta) Z_{j'}(\rho, \theta)\, \rho d\rho d\theta \left| \int_0^1 \int_0^{2\pi} \rho d\rho d\theta = \delta_{jj'} \right. \tag{8-29}$$

展開係數可寫成

$$a_j = \pi^{-1} \int_0^1 \int_0^{2\pi} \Phi(\rho, \theta) Z_{j'}(\rho, \theta)\, \rho d\rho d\theta \tag{8-30}$$

表 8-3 正交歸一化澤尼克圓形多項式與平衡後像差。

n	m	Orthonormal Zernike Polynomial $\left[\dfrac{2(n+1)}{1+\delta_{m0}}\right]^{1/2} R_n^m(\rho)\cos m\theta$	Aberration Name*
0	0	1	Piston
1	1	$2\rho\cos\theta$	Distortion (tilt)
2	0	$\sqrt{3}(2\rho^2 - 1)$	Field curvature (defocus)
2	2	$\sqrt{6}\,\rho^2\cos 2\theta$	Primary astigmatism
3	1	$\sqrt{8}\,(3\rho^3 - 2\rho)\cos\theta$	Primary coma
3	3	$\sqrt{8}\,\rho^3\cos 3\theta$	
4	0	$\sqrt{5}(6\rho^4 - 6\rho^2 + 1)$	Primary spherical
4	2	$\sqrt{10}(4\rho^4 - 3\rho^2)\cos 2\theta$	Secondary astigmatism
4	4	$\sqrt{10}\rho^4\cos 4\theta$	
5	1	$\sqrt{12}(10\rho^5 - 12\rho^3 + 3\rho)\cos\theta$	Secondary coma
5	3	$\sqrt{12}(5\rho^5 - 4\rho^3)\cos 3\theta$	
5	5	$\sqrt{12}\rho^5\cos 5\theta$	
6	0	$\sqrt{7}(20\rho^6 - 30\rho^4 + 12\rho^2 - 1)$	Secondary spherical
6	2	$\sqrt{14}(15\rho^6 - 20\rho^4 + 6\rho^2)\cos 2\theta$	Tertiary astigmatism
6	4	$\sqrt{14}(6\rho^6 - 5\rho^4)\cos 4\theta$	
6	6	$\sqrt{14}\rho^6\cos 6\theta$	
7	1	$4(35\rho^7 - 60\rho^5 + 30\rho^3 - 4\rho)\cos\theta$	Tertiary coma
7	3	$4(21\rho^7 - 30\rho^5 + 10\rho^3)\cos 3\theta$	
7	5	$4(7\rho^7 - 6\rho^5)\cos 5\theta$	
7	7	$4\rho^7\cos 7\theta$	
8	0	$3(70\rho^8 - 140\rho^6 + 90\rho^4 - 20\rho^2 + 1)$	Tertiary spherical

* 文字 " **正交歸一化澤尼克** (*orthonormal Zernike*)" 與像差形式連接在一起，例如：**正交歸一化澤尼克像散像差** (*orthonormal Zernike primary astigmatism*)。

像差函數的變異量為

$$\sigma_\Phi^2 = \sum_{j=1} a_j^2 - a_1^2$$
$$= \sum_{j=2} a_j^2 \qquad (8\text{-}31)$$

對於某個 n 值的多項式個數為

$$N_n = (n+1)(n+2)/2 \qquad (8\text{-}32)$$

首 11 個多項式列於表 8-4。

表 8-4 正交歸一化澤尼克圓形多項式 $Z_j(\rho, \theta)$。

j	n	m	$Z_j(\rho, \theta)$	Aberration
1	0	0	1	Piston
2	1	1	$2\rho \cos\theta$	x tilt
3	1	1	$2\rho \sin\theta$	y tilt
4	2	0	$\sqrt{3}(2\rho^2 - 1)$	Defocus
5	2	2	$\sqrt{6}\rho^2 \sin 2\theta$	45° Primary astigmatism
6	2	2	$\sqrt{6}\rho^2 \cos 2\theta$	0° Primary astigmatism
7	3	1	$\sqrt{8}(3\rho^3 - 2\rho)\sin\theta$	Primary y coma
8	3	1	$\sqrt{8}(3\rho^3 - 2\rho)\cos\theta$	Primary x coma
9	3	3	$\sqrt{8}\rho^3 \sin 3\theta$	
10	3	3	$\sqrt{8}\rho^3 \cos 3\theta$	
11	4	0	$\sqrt{5}(6\rho^4 - 6\rho^2 + 1)$	Primary spherical

* 文字 " **正交歸一化澤尼克圓形** (orthonormal Zernike circle)" 與像差形式連接在一起，例如：**正交歸一化澤尼克圓形 0 度初級像散像差** (orthonormal Zernike circle 0° primary astigmatism)。

8.4 二維點擴散函數

　　現在我們展示艾瑞圖形如何受到初級像差的影響，圖 8-1b 可看到其二維無像差的點擴散函數，受到初級像差的影響。我們的重點是描述點擴散函數的結構，換言之，即亮暗環的分布以及非定量的輻射照度分布。舉例來說，我們已經強調一些極低輻射照度的區域，使其可見。一些點擴散函數對稱的特性清楚地顯示於這些圖片中 [13]。離焦像差 (圖 8-4) 與球面像差 (圖 8-5 與圖 8-6) 的點擴散函數為軸向對稱影像與艾瑞圖形一樣。對於一個整數倍波長的離焦像差，其點擴散函數的中心值為 0，如 (8-7) 式所示，其會產生暗的中心。球面像差的中心亮點大小不會隨著球面像差變大而改變 [14,15]。像散像差的點擴散函數如圖 8-7 所示，對稱於兩個正交的軸上，其中一個座落在切面上。當像差增加，繞射點擴散函數開始像光線點；一般來說是橢圓點，在特別的情況下為線型點。最小像差變異量 (即最小模糊圓) 平面上的點擴散函數為四重對稱，如圖 8-8 所示。彗星像差的點擴散函數對稱於切面，如圖 8-9 所示。因此，它們在任何觀測面有線對稱，而此線位於切面上。隨機混和不同的像差將明顯的產生複雜的點擴散函數。

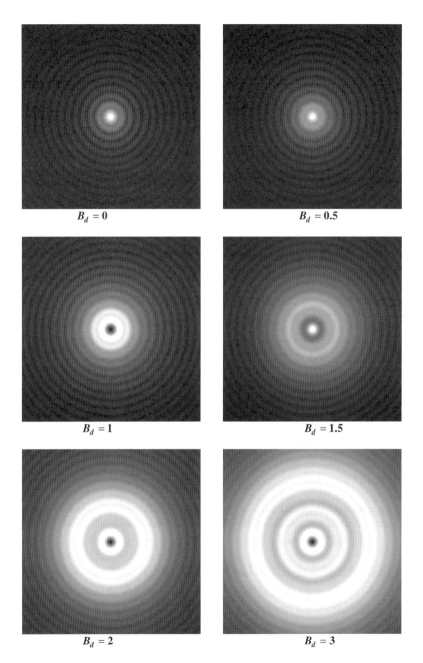

圖 8-4 離焦像差之點擴散函數。B_d 為離焦波像差的峰值，單位為 λ。當 B_d 為波長整數倍時，點擴散函數的中心值為 0。

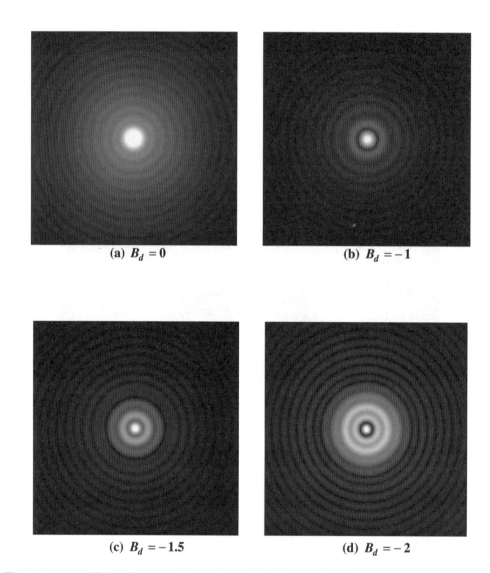

(a) $B_d = 0$　　　　　　　　(b) $B_d = -1$

(c) $B_d = -1.5$　　　　　　(d) $B_d = -2$

圖 8-5　在不同離焦影像平面上，即在不同 B_d 值 (單位為波長 λ)，含有一倍波長球面像差 ($A_s\rho^4$，其中 $A_s = 1\lambda$) 之點擴散函數。(a) **高斯成像面** (*Gaussian*)；(b) **最小變異量平面** (*Minimum variance*)；(c) **最小模糊圓平面** (*Least confusion*)；(d) **邊緣成像面** (*Marginal*)。

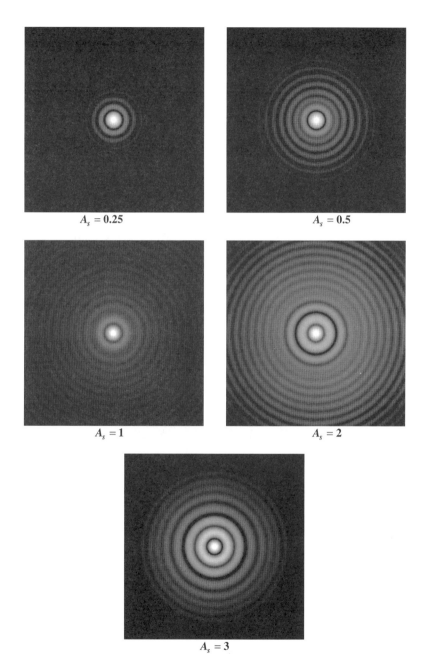

圖 8-6 平衡後球面像差 $[A_s(\rho^4 - \rho^2)]$ 之點擴散函數。因此，點擴散函數是在對應到 $B_d = -A_s$ 離焦影像平面上觀察，其中像差係數 A_s 單位為波長 λ。

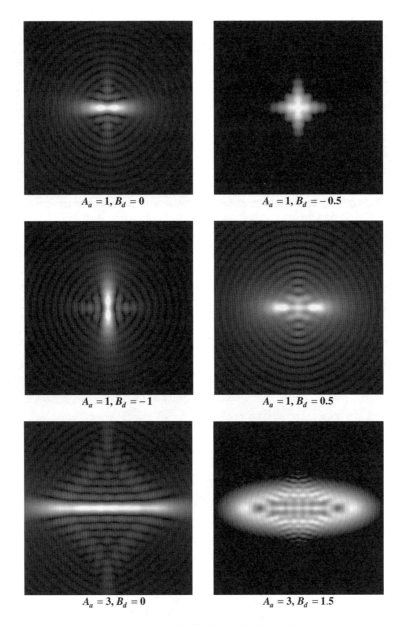

圖 8-7 在不同影像平面上觀察含有像散像差之點擴散函數。$B_d = 0$、$-A_a/2$ 以及 $-A_a$ 分別代表**高斯** (*Gaussian*) 或是**矢面** (*sagittal*) 影像平面、**最小變異量** (*minimum-variance*) 或是最小 (像散) **模糊圓** (*circle of least (astigmatic) confusion*) 影像面以及**切面** (*tangential*) 影像平面。像差係數 A_a 單位為波長 λ。

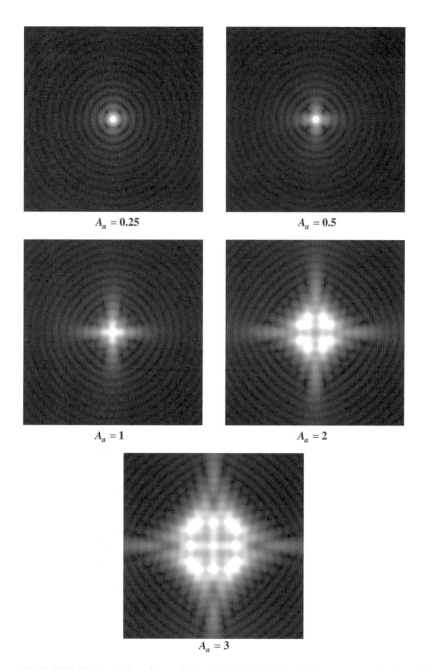

$A_a = 0.25$　　　　　　　　　　$A_a = 0.5$

$A_a = 1$　　　　　　　　　　$A_a = 2$

$A_a = 3$

圖 8-8　平衡後像散像差 $A_a(\rho^2 \cos^2 \theta - \rho^2/2)$ 之點擴散函數。因此 $B_d = -A_a/2$，以及點擴散函數為四重對稱。像差係數 A_a 單位為波長 λ。

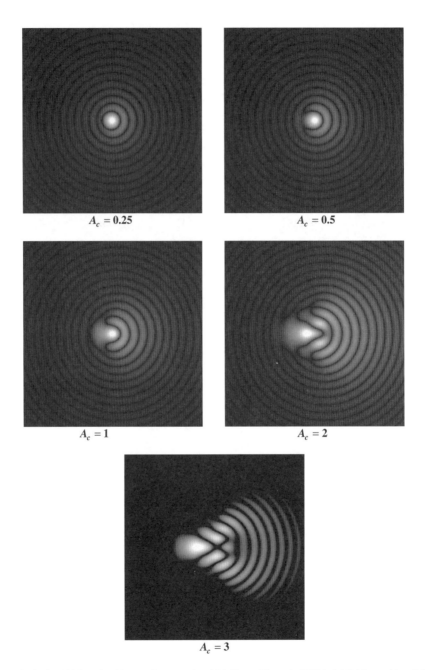

圖 8-9 含有漸增彗星像差 $(A_c\rho^3\cos\theta)$ 之點擴散函數，它們對水平軸 $(x_i$ 軸) 成對稱分布，峰值和點擴散函數質心不位於高斯成像點。像差係數 A_c 單位為波長 λ。

8.5　光學傳遞函數

　　由於非同調物體的繞射成像可以用高斯成像與系統點擴散函數的摺積運算而得到，這摺積的傅氏轉換表現出繞射成像的空間頻率頻譜可由高斯成像的頻譜與**光學傳遞函數** (*Optical Transfer Function, OTF*) 的乘積來得到，其中光學傳遞函數與點擴散函數的傅氏轉換是一樣的 [1-3]。因為 (8-1) 式關係在點擴散函數與系統的光瞳函數之間，光學傳遞函數也可由光瞳函數做**自相關** (*auto-correlation*) 運算得到。因此，系統的光學傳遞函數可不必計算孔徑函數的點擴散函數來得到。在這章節中，我們介紹光學傳遞函數的概念與討論其物理上的重要性。我們也討論如何它如何影響像差與如何與斯特列爾比值搭上關係，亦會給圓形孔徑系統的無像差之光學傳遞函數的表示式。對比反轉也將被描述，物區空間頻率中某波段的暗區成像為亮區，亮區成像為暗區。

8.5.1　光學傳遞函數與其物理意義

　　非同調成像系統的光學傳遞函數可由其點擴散函數的傅氏轉換得到，根據

$$\tau(\vec{v}_i) = \int PSF(\vec{r}_i)\exp(2\pi i \vec{v}_i \cdot \vec{r}_i)d\vec{r}_i \tag{8-33}$$

其中，$\vec{v} = (v_i, \phi)$ 是像平面的二維**空間頻率** (*spatial frequency*) 向量，$\vec{r}_i = (\lambda Fr, \theta_i)$ 是這平面中的一點上的位置向量，以及點擴散函數在 $P = 1$ 的情況下由 (8-1) 式得到。在下文中，我們假設系統的菲涅耳數夠大，使得離焦容忍度約為 $z \sim R$。然而，如果不是這個例子，我們在下面的討論中簡單地用 z 取代 R。上文提及，因為 (8-1) 式與光瞳函數和點擴散函數有關，因此光學傳遞函數也許也可寫成光瞳函數的**自相關** (*auto-correlation*) 運算，換言之

$$\tau(\vec{v}_i) = S_p^{-1} \int P(\vec{r}_p)P*(\vec{r}_p - \lambda R\vec{v}_i)d\vec{r}_p \tag{8-34}$$

在此

$$\begin{aligned} P(\vec{r}_p) &= \exp\left[i\Phi(\vec{r}_p)\right], \ 0 \le \left|\vec{r}_p\right| \le a \\ &= 0, \ otherwise \end{aligned} \tag{8-35}$$

是光瞳函數。$\vec{r}_p = (a\rho, \theta)$ 是出射光瞳平面上某一點的位置向量。(8-34) 式的積分可由兩個孔徑中心點分別為 $\vec{r}_p = 0$ 與 $\vec{r}_p = \lambda R\vec{v}_i$ 的重疊部分的面積得到，(8-34) 式的星號表示共軛複數。

　　光學傳遞函數有兩種形式隨著波長變化。第一為在相位像差的關係是明顯的；第二為光學傳遞函數進入孔徑的位移量。它牽涉到對於長波長的位移量接近較小頻率的孔徑的直徑，所以降低兩個孔徑重疊的面積至 0 的範圍。因此，光學傳遞函數的**截止頻率** (*cutoff frequency*) 對於長波長較小。

　　光學傳遞函數的物理重要性也許可用圖 8-10 來幫助理解。如果我們考慮空間頻率為 $\vec{v}_o$ 的正弦函數分布物體，調制量或對比為 m、相位為 δ，它的高斯影像也會是空間頻率為 $\vec{v}_i = \vec{v}_o / M$ 的正弦函數分布，其中 M 是影像的橫向放大率。高斯影像的調制量和相位與物體是相同的，它的繞射影像也是為空間頻率 $\vec{v}_i$ 的正弦函數分布。然而，繞射影像的調制量為 $m|\tau(\vec{v}_i)|$ 以及其相位為 $\delta - \Psi(\vec{v}_i)$，

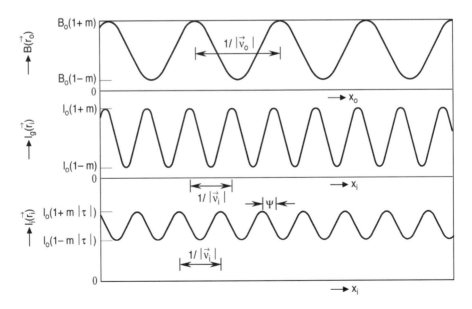

圖 8-10　輝度為 B 的正弦物體沿著 x 軸成像。(a) 物體；(b) 輻射照度 I_g 的高斯成像以及 (c) 輻射照度值為 I_i 的繞射成像影像。B_0 與 I_0 分別表示為正弦分布物體平均輝度與影像的平均輻射照度值。

其中 $|\tau(\vec{v}_i)|$ 為光學傳遞函數的**模數** (modulus)，以及 $\Psi(\vec{v}_i)$ 為其相位，換言之，

$$\tau(\vec{v}_i) = |\tau(\vec{v}_i)|\exp[i\Psi(\vec{v}_i)] \tag{8-36}$$

$|\tau(\vec{v}_i)|$ 與 $\Psi(\vec{v}_i)$ 分別叫做**調制傳遞函數** (modulation transfer function, MTF) 與**相位傳遞函數** (phase transfer function, PTF)。

8.5.2 無像差的光學傳遞函數

明顯的由 (8-34) 式可得知，無像差的光學傳遞函數代表兩個中心相距 $\lambda R v_i$ 的圓重疊部分的面積，如圖 8-11 所示。重疊的面積可由圖 8-10 的灰色區域得到，因此它的光學傳遞函數可表示為

$$\begin{aligned}
\tau(v) &= (1/\pi)[2\beta - \sin 2\beta] \\
&= (2/\pi)\left[\cos^{-1}v - v\left(1 - v^2\right)^{1/2}\right], \ 0 \le v \le 1 \\
&= 0, \ otherwise
\end{aligned} \tag{8-37}$$

其中

$$v = \cos\beta = v_i/(1/\lambda F) \tag{8-38}$$

是歸一化徑向空間頻率。即重疊面積為半徑為 α、張角為 β 的扇形面積扣除三角形 OAB 面積的 4 倍值。由於 $v \ge 1$，光學傳遞函數為 0。空間頻率 $v = 1$ 或者 $v_i = 1/\lambda F$ 為非同調成像系統的**截止頻率** (cutoff frequency)。

圖 8-12 顯示光學傳遞函數在 (8-37) 式中如何隨著 v 變化。我們注意到光學傳遞函數為軸對稱分布，換言之，它的值將隨著空間頻率的量值改變，而非隨著它的方向改變。一個焦比 $F = 10$ 的系統對波長為 0.5 µm 的物體成像，其截止頻率為 200/mm，截止頻率隨著波長線性減少。空間頻率為 $v_0 \ge M/\lambda F$ 的正弦函數分布物體再也無法藉由系統分辨出來。換言之，它們的影像為均勻的輻射照度。從 (8-37) 式，我們發現

$$\tau'(0) = \left[\frac{\partial\tau(v)}{\partial v}\right]_{v=0} = -4/\pi \tag{8-39}$$

以及

$$\int_0^1 \tau(v)v\,dv = 1/8 \tag{8-40}$$

由於調制傳遞函數的斜率或是系統光學傳遞函數的實部在原點的計算值與其像差無關，它與忽略像差的圓形孔徑例子一樣為 $-4/\pi$。

一個光學成像系統的斯特列爾比值，在 8.3 節討論過，代表在中心 $r = 0$ 處含有像差以及無像差點擴散函數 (或是相對應的輻射照度) 的比值。從 (8-33) 式，我們注意到它的點擴散函數可被寫為其光學傳遞函數的反傅氏轉換，換言之，

$$PSF(\vec{r}_i) = \int \tau(\vec{v}_i) \exp(-2\pi i \vec{v}_i \cdot \vec{r}_i)\, d\vec{v}_i \tag{8-41}$$

因此，斯特列爾比值可寫為

$$S = (4/\pi)\int \tau(\vec{v}_i)\, d\vec{v}_i \tag{8-42}$$

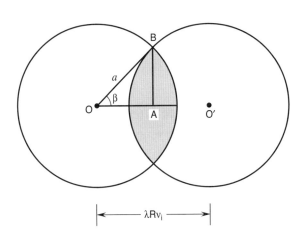

圖 8-11　無像差的光學傳遞函數為兩個中心相距 $\lambda R v_i$ 的圓之重疊面積。

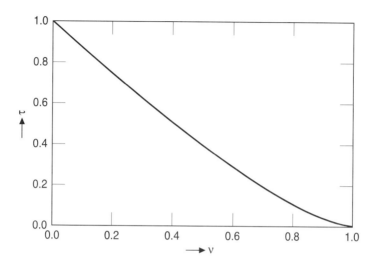

圖 8-12 無像差之光學傳遞函數，其中空間頻率 ν 對截止頻率歸一化。

其中，我們用到 (8-40) 式涉及無像差光學傳遞函數的積分。由於 S 是一個實數的量，$\tau(\vec{v}_i)$ 的虛部積分在 (8-42) 式的右邊必須為 0。因此，我們可以把 (8-42) 式寫成

$$S = (4/\pi) \int Re\,\tau(\vec{v}_i)d\vec{v}_i \qquad (8\text{-}43)$$

其中，Re 表示實部。因此，系統的斯特列爾比值可由光學傳遞函數的實部的平均值量測得到，在所有空間頻率所得到的值取平均。

8.5.3 霍普金斯比值與像差容忍度

在 8.3 節中，我們計算斯特列爾比值為 0.8 的系統像差容忍度。這樣的系統所形成物體的影像，其影像品質量只略遜於無像差系統所對應到影像的品質，不論物體空間頻率 (或是詳細尺寸) 的重要性。0.8 的斯特列爾比值是當系統在整個出射光瞳像差的標準差大約為 $\lambda/14$ 而獲得，不論像差的型式與種類。然而，具有較大像差的系統，形成好品質的影像，其物體詳細尺寸比系統解析度極限 $1/\lambda F$ 來得粗糙。

現在我們根據系統的調制傳遞函數某種程度的減少量所對應某個空間頻率來考慮像差容忍度。根據霍普金斯 [16]，我們定義一個調制比值 $H(\vec{v}_i)$，為空間頻率含有像差以及不含像差系統的調制傳遞函數之比值，換言之，

$$H(\vec{v}_i) = |\tau(\vec{v}_i)| / \tau_u(\vec{v}_i) \tag{8-44}$$

其中 $\tau(\vec{v}_i)$ 是含有像差的光學傳遞函數，而 $\tau_u(\vec{v}_i)$ 是無像差的光學傳遞函數，或是由 (8-37) 式得到非像差光學傳遞函數並且用 v_i 取代 v 而且 $0 \le v_i \le 1/\lambda F$。對於明顯的理由，我們稱 $H(\vec{v}_i)$ 為**霍普金斯調制** (*Hopkins modulation*) 或者**對比度** (*contrast ratio*)。它的值 ≤ 1，因為含有像差的調制傳遞函數永遠小於與它相應的無像差之值。

基於初級像差的數值分析，霍普金斯 [16] 已經證明了表示對於 $v \lesssim 0.1$，$H(v) \gtrsim 0.8$，所提供的像差係數遵守以下條件：

$$B_d \lesssim \pm \lambda/20v \tag{8-45}$$

$$A_a \lesssim \pm \lambda/10v \text{ 在平面 } B_d = -A_a/2 \tag{8-46}$$

$$A_c \lesssim \pm \lambda \left(\frac{0.071}{v} + 0.16 \right) \text{ 其中 } \Psi(v) = \mp 0.89 + 0.48v \text{ 當 } \phi = 0 \tag{8-47a}$$

$$A_c \lesssim \pm \lambda \left(\frac{0.123}{v} + 0.19 \right) \text{ 其中 } \Psi(v) = 0 \text{ 當 } \phi = \pi/2 \tag{8-47b}$$

以及

$$A_s \lesssim \pm \lambda \left(\frac{0.106}{v} + 0.33 \right) \text{ 在平面 } B_d = -(1.33 - 2.2v + 2.8v^2) A_s \tag{8-48}$$

就如同 (1-7) 式，B_d、A_a、A_c 以及 A_s 分別表示為離焦像差、像散像差、彗星像差以及球面像差的峰值係數。我們注意到在球面像差的例子中，平衡離焦像差的量與其對於優化後的斯特列爾比值在表 8-2 中所對應的值是不同的。因此，它的值隨著其優化後調制傳遞函數的空間頻率的量變化。對於空間頻率 $v > 0.1$，更適合使用斯特列爾比值來當作成像品質或是像差平衡之準則。

8.5.4 對比反轉

　　圖 8-13 顯示一個離焦系統的光學傳遞函數如何隨空間頻率變化。我們注意到它是實數值且呈軸對稱分布，換言之，它的值隨著 v 變化但不隨 ϕ 變化。當 $B_d \leq 0.64\lambda$，對於所有空間頻率，光學傳遞函數為正值。然而當 B_d 為較大值時，在某個空間頻率的頻帶，光學傳遞函數值卻變成負值，對應到相位傳遞函數的 π。當離焦像差 B_d 的量值變大時，它對於愈來愈小的空間頻率變成負值。光學傳遞函數與 B_d 的正負號無關 (當系統的菲涅耳數夠大時)。

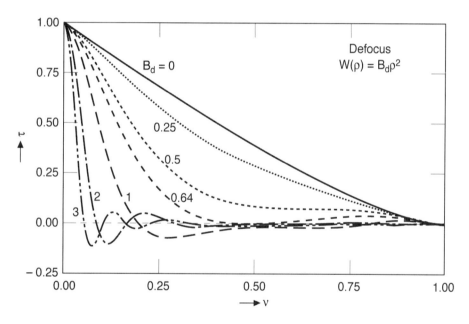

圖 8-13　離焦像差系統之光學傳遞函數。B_d 表示離焦像差峰值，單位為波長 λ。

　　為了說明光學傳遞函數的物理重要性，由其是**對比反轉** (contrast reversal)，如圖 8-14a 所示，我們考慮一個沿著垂直軸方向為二維物體並呈正弦函數分布，其空間頻率在水平方向上為線性遞增。物體的最大頻率接近等於無像差系統的截止頻率，頻率對截止頻率做歸一化。物體的無像差或是繞射極限影像如圖 8-14b 所示，從圖上可看到，隨著空間頻率增加，對比度單調地減少是相當明顯的。$B_d = 2\lambda$ 所對應到離焦像差影像如圖 8-14c 所示，顯然的影像對比度隨著頻率增加而快速地掉到零，對比度隨著頻率增加而來回地反轉，但實際上對於頻率 $v \gtrsim 0.3$ 時，影像對比度為零。為了方便起見，無像差與離焦像差影像之光學傳遞函數標示於圖 8-14d，來說明對比度為零和接近零的區域以及對比反轉的區域。

　　對於對稱分布像差的光學傳遞函數，像是球面像差或是像散像差，其值為實數值。然而，彗星像差的光學傳遞函數為複數函數，包含實部與虛部，或是調制傳遞函數以及相位傳遞函數。正如 8.4 節，斯特列爾比值由光學傳遞函數的實部積分計算得到，且虛部的積分為 0。發生對比反轉的空間頻率頻帶取決於像差的形式以及量值。

8.6　總結

　　雖然一個物點成像的總光量由系統入射光瞳來決定，影像的分布由出射光瞳的繞射光來決定。藉由圓形出射光瞳系統對於物點所形成的無像差成像稱為**艾瑞圖形** (Airy pattern)，如同 8.2.2 節討論，它由一個中心亮點與週圍的繞射亮暗環組成。圓盤中心點是最亮的，同時發生在球面波波前的曲率中心，因為那裡是海更斯第二小波建設性干涉的地方。

　　當波前不是球面波，因此像差顯現出來，海根斯第二小波不同相以及 (部分) 破壞性干涉得到中心較小的輻射照度。中心輻射照度有無像差的比值稱為斯特列爾比值。很明顯地，斯特列爾比值永遠小於或者等於 1。對於小的像差，斯特列爾比值可由根據 (8-15) 式像差的變異量來估計。由於變異量愈小，斯特列爾比值愈大，我們結合一個或者多個給定的較低階像差，使像差變異量最小

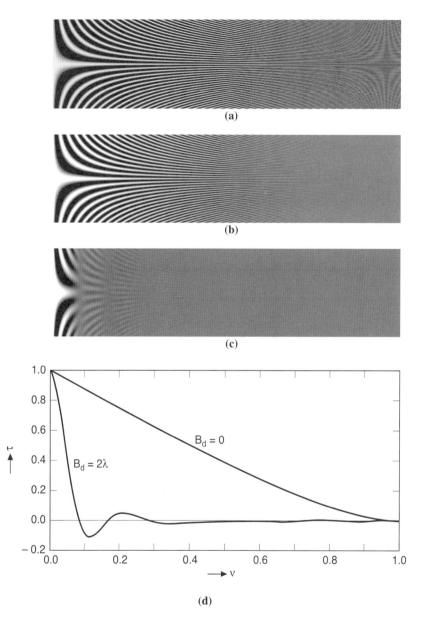

圖 8-14 一個物體的無像差影像以及含有離焦像差影像說明影像對比反轉。(a) 沿著垂直軸正弦分布物體，空間頻率在水平方向上線性遞增。高斯成像面是相同的，除了任何橫向放大之外。(b) 無像差影像。(c) $B_d = 2\lambda$ 的離焦像差影像。(d) 無像差與離焦像差之光學傳遞函數。

化，而斯特列爾比值最大化。以此方式結合像差稱為像差平衡，用於改善影像的品質。因此，舉例來說，球面像差與像散像差與離焦像差結合來改善斯特列爾比值或者增加像差容忍度。

更高階像差如次級像差，可以用相似的方式降低其變異量來平衡。這平衡後的像差可以用澤尼克圓形多項式來確認。這些多項式是唯一的，他們不但在單位圓中正交，而且代表在圓形光瞳的平衡後的像差。在本章節中，這些多項式被展開成正交歸一化的形式，展開係數表示為相應之像差項的標準差。

非同調物體的影像可以用增加其物體元素的影像輻射照度來獲得，此成像在空間頻域上被考慮。因此，物體可被分解成正弦空間頻率函數分量，每一個影像的分量都是確定的，並且它們將被疊加或是合併來決定整個物體的影像。每個影像正弦分布物體的分量亦為正弦函數分布，除了它的對比度較低以及相位被位移。在無像差成像中，相位位移量為 0。每個系統皆有截止頻率 (由於它的出射光瞳為有限尺寸)，高於截止頻率對比度為 0。換句話說高於某個值的空間頻率不會在系統中傳遞，或是從影像中遺失，因此限制了系統解析度。像差在每個空間頻率上降低對比度，而且引入了因頻率改變的相位位移。因此，儘管影像通常與物體類似，但仍然是不相同的。根據像差的形式與大小，對於某空間頻帶的相位位移可達，結果造成那些頻帶影像對比度反轉。物體的暗區將變成影像亮區，亮區將變成影像暗區，如圖 8-14 所示。在某個空間頻率有無像差的對比度之比值稱之為在那個空間頻率霍普金斯比值。最大化的霍普金斯比值所得到平衡後像差與最大化的斯特列爾比值所得到平衡後像差是不同的。

參考文獻

1. V. N. Mahajan, *Optical Imaging and Aberrations*, Part II: *Wave Diffraction Optics* (SPIE Press, Bellingham, WA, Second Printing 2011).

2. M. Born and E. Wolf, *Principles of Optics*, 7th ed. (Cambridge University Press, New York, 1999).

3. J. W. Goodman, *Introduction to Fourier Optics*, 2nd ed. (McGraw-Hill, New York, 1996).

4. G. B. Airy, "On the diffraction of an object-glass with circular aperture," *Trans. Camb. Phil. Soc.* **5,** 283–291 (1835).

5. V. N. Mahajan, "Axial irradiance and optimum focusing of laser beams," *Appl. Opt.* **22,** 3042–3053 (1983).

6. A. Maréchal, "Etude des effets combines de la diffraction et des aberrations geometriques sur l'image d'un point lumineux" *Rev. d'Opt.* **26,** 257–277 (1947).

7. B. R. A. Nijboer, "The diffraction theory of aberrations," Ph.D. thesis (University of Groningen, Groningen, The Netherlands, 1942), p. 17.

8. V N. Mahajan, "Strehl ratio for primary aberrations in terms of their aberration variance," *J. Opt. Soc. Am.* **73,** 860–861 (1983).

9. V N. Mahajan, "Strehl ratio for primary aberrations: some analytical results for circular and annular pupils," *J. Opt. Soc. Am.* **72,** 1258–1266 (1982).

10. V N. Mahajan, "Line of sight of an aberrated optical system," *J. Opt. Soc. Am.* A **2,** 833–846 (1985).

11. W. B. King, "Dependence of the Strehl ratio on the magnitude of the variance of the wave aberration," *J. Opt. Soc. Am.* **58,** 655–661 (1968).

12. Lord Rayleigh, "Investigations in optics, with special reference to the spectroscope," *Phil. Mag.* (5) **8,** 403–411 (1879); also his *Scientific Papers,* Vol. 1 (Dover, New York, 1964), p. 432.

13. V. N. Mahajan, "Symmetry properties of aberrated point-spread functions," *J. Opt. Soc. Am. A* **11,** 1993–2003 (1994).

14. V N. Mahajan, "Aberrated point spread functions for rotationally symmetric aberrations," *Appl. Opt.* **22,** 3035–3041 (1983).

15. S. Szapiel, "Aberration-variance-based formula for calculating point-spread functions: rotationally symmetric aberrations," Appl. Opt. 25, 244–251 (1986).

16. H. H. Hopkins, "The aberration permissible in optical systems," *Proc. Phys. Soc.* (London) **B52**, 449–470 (1957).

Chapter 9

環形與高斯光瞳系統

本章大綱

CHAPTER 9
環形與高斯光瞳系統

9.1 簡介

　　在第八章中，我們已經考慮光學系統中的圓形光瞳。在本章節中，我們將考慮光學系統中的**環形光瞳** (*annular pupil*) 所造成的影響。例如：凱薩格林望遠鏡，其第二片反射鏡會造成第一片反射鏡的中心部分**遮蔽** (*obscure*)。如同光學系統中圓形光瞳，我們將探討環形光瞳光學系統之無像差點擴散函數、軸上輻射照度，以及斯特列爾比值。在本章內文中，我們將證明在環形光瞳下，其點擴散函數的中心亮點半徑將會變小、中心的輻射照度最大值也會減少，以及當環形遮蔽率變大時，其第二極大值隨之增加。

　　然而，一個特定斯特列爾比值的容許值增加或減少，與像差的種類有關。本章節將對已平衡像差的澤尼克環形多項式作探討，而含有像差的點擴散函數及光學傳遞函數則不在討論範圍內。接著考慮光學系統中含有圓形光瞳和**高斯照明** (*Gaussian illumination*) 照射下，將利用相似的方法來分析。針對前述的光學系統，其像差增加的相關容許值，將與均勻分布光源照射和圓形光瞳的光學系統比較。最後，考慮光學系統為**弱截斷高斯光瞳** (*weakly truncated Gaussian pupil*)，即與高斯分布光源的寬度或者是半徑來比較，前者有非常寬廣的光瞳。在這樣的情況下，高斯光束傳播仍然是高斯光束，因此觀察初級像差的容許量以**高斯半徑** (*Gaussian radius*) 內的峰值來決定，而不是在光瞳的邊緣。

9.2 環形光瞳

　　在本節中，我們將討論學系統中環形光瞳的成像特性，內容將提及當光瞳遮蔽量增加時，討論無像差點擴散函數、環狀光瞳的功率、軸上輻射照度和斯

特列爾比值將如何變化，最後結果將與圓形光瞳之光學系統的相對應之結果做
比較。

9.2.1　無像差之點擴散函數

　　首先考慮一個環形出射光瞳的光學系統，其內外半徑分別為 ϵa 和 a，其中
ϵ 稱為遮蔽率 (obscuration ratio)，如圖 9-1 所示。系統的點擴散函數，即以點觀
察影像的輻射照度值分布由 (8-1) 式得到，除了徑向積分的下限是 ϵ 而不是 0。
因此無像差之點擴散函數可以寫成

$$I(r;\epsilon) = \frac{1}{\left(1-\epsilon^2\right)^2}\left[\frac{2J_1(\pi r)}{\pi r} - \epsilon^2\,\frac{2J_1(\pi\epsilon r)}{\pi\epsilon r}\right]^2 \tag{9-1}$$

上式中 $J_1(\cdot)$ 為第一階之第一類**貝索函數** (Bessel function)。(9-1) 式中已經對 $r = 0$
做歸一化，其中心輻射照度值為 $PS_p/\lambda^2 R^2$，其中 P 為穿過環形出射光瞳的總功
率，$S_p = \pi a^2\left(1-\epsilon^2\right)$ 為環形出射光瞳透光部分的面積，以及 R 為環形出射光瞳到
高斯像平面 (Gaussian image plane) 的距離。

　　在這裡要注意的是 r 的單位是 λF，就如同圓形光瞳的情形一樣，其中
$F = R/2a$ 為成像系統形成光錐的**焦比** (focal ratio) 或是 F **數** (f-number)。對於給
定總功率 P，當遮蔽率 ϵ 增加時，其**中心最大值** (central maximum) 將減少到
$1-\epsilon^2$，這是由於遮蔽率 ϵ 增加使得環形出射光瞳的透光面積減少所造成。然而，
當環形出射光瞳輻射照度值維持在固定值時，總功率 P 也會下降到 $1-\epsilon^2$。因此
當遮蔽率 ϵ 增加時，其中心輻射照度值減少到 $\left(1-\epsilon^2\right)^2$。

　　當分布函數有**極小值** (minima) 0 時，其 r 值由下式決定

$$J_1\left(\pi r\right) = \epsilon J_1(\pi\epsilon r),\ r \neq 0 \tag{9-2a}$$

其**極大值** (maxima) 位置發生在

$$J_2\left(\pi r\right) = \epsilon^2 J_2(\pi\epsilon r),\ r \neq 0 \tag{9-2b}$$

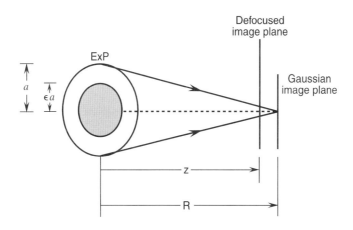

圖 9-1　環形出射光瞳之光學成像系統，內外半徑分別 ϵa 是和 a。

上式中 $J_2(\cdot)$ 為第二階之第一類貝索函數。藉由沿著圓的半徑 r_c 積分輻射照度分布，我們可以得到環狀功率分布 $P(r_c)$。輻射照度值以及環狀功率分布如圖 9-2 所示，其中包含幾個不同遮蔽率 ϵ 所得到不同的結果。在此我們注意到當遮蔽率 ϵ 增加時，中心亮盤 (第一圈暗環對應到第一極小值) 的半徑會減少。上述的情形可以證明，當遮蔽率 ϵ 趨近於 1(即 $\epsilon \to 1$) 時，輻射照度分布接近 $J_0^2(\pi r)$。其第一零點發生在 $r = 0.76$，與 $r = 1.22$ (當 $\epsilon = 0$，$J_1(\pi r)$ 的第一零點位置) 相比。當遮蔽率 ϵ 增加時，其分布的次要極大值變的較大，相對於 $r = 0$ 時的主要極大值而言。舉例來說，當遮蔽率 $\epsilon = 0.5$ 時，第一個次要極大值的數值為主要極大值的 9.63%，與圓形光瞳的 1.75% 做比較。表 9-1 列出當遮蔽率 ϵ 從 0 到 0.9，每隔 0.1 取樣，其極小值、極大值以及對應的輻射照度值和環狀功率分布數值。

　　當位置 r 值與遮蔽率 ϵ 值較大時，輻射照度分布是非常特別的。圖 9-3a 顯示遮蔽率 ϵ 分別為 0、0.5、0.8 和 1 的輻射照度分布，其對應的輻射照度分布圖如圖 9-3b 所示。我們注意到，對於一個圓型光瞳，輻射照度分布由複數的極大值和極小值所組成，即中心明亮的圓盤由多數的暗環和亮環所包圍，且連續的極大值呈現單調地下降，即極大值隨著距離愈遠而愈小。然而，對於一個環型光瞳，輻射照度分布不但是由多數暗環和亮環所組成，而且還是週期性的**環組結構** (*periodic ring group structure*)。在一個周期內，極大值的數量由

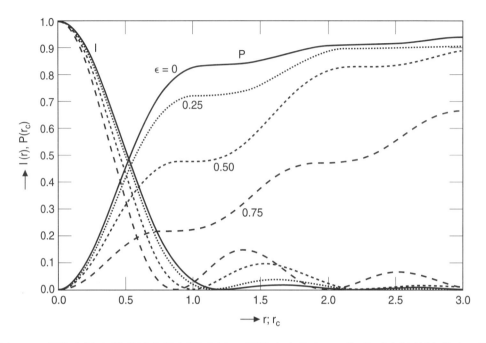

圖 9-2　環狀光瞳光學系統之輻射照度以及環狀功率分布，ϵ 為環形光瞳的遮蔽率，圖
　　　　中圓形光瞳所得到的數值作為比較用。

$n = 2/(1 - \epsilon)$ 決定，其值等於環型光瞳的外半徑和環形光瞳的寬度之比值，在這
裡 n 是整數。輻射照度分布被分割成多個環組分布，對於遮蔽率 $\epsilon = 0.8$ 時，
一個環組的極小值為最小的單環極大值，以及對應的環的個數為 n 的倍數，例
如：10、20、30…等。環組的半徑亦為的倍數 (單位為λF)，因為連續兩個極大
值或是極小值的間距大約相等。當遮蔽率 $\epsilon = 0$ 時，成像的中心亮點或是第一
暗環的半徑為 1.22，以內包含了 83.8% 的總功率。對於遮蔽率 $\epsilon = 0.8$ 時，由表
9-1 可看出，第一暗環的半徑為 0.85，以內只包含了 17.2% 的總功率。然而在這
個例子中，中心環組的半徑為 10.10，並且包含了 90.3% 的總功率。

　　當 n 並非整數時，其分佈函數將變得更複雜。例如：對於遮蔽率 $\epsilon = 0.7$ 和
$n = 6.67$，其分佈函數具有雙週期性，且在兩個週期內的極大值數量為 6 和 7 (兩
個最接近 n 的整數)。

表 9-1　環形光瞳之點擴散函數的極大值及極小值與其對應的位置 (單位為 λF)，以及對應的輻射照度值和環狀功率數值。

ε		0.0			0.1			0.2			0.3			0.4	
Max/Min	r, r_c	$I(r)$	$P(r_c)$	r, r_c	$I(r)$	$P(r_c)$	r, r_c	$I(r)$	$P(r_c)$	r, r_c	$I(r)$	$P(r_c)$	r, r_c	$I(r)$	$P(r_c)$
Max	0	1	0	0	1	0	0	1	0	0	1	0	0	1	0
Min	1.22	0	0.838	1.21	0	0.818	1.17	0	0.764	1.11	0	06.82	1.06	0	0.584
Max	1.63	0.0175	0.867	1.63	0.0206	0.853	1.63	0.0304	0.818	1.61	0.0475	0.766	1.58	0.0707	0.702
Min	2.23	0.	0.910	2.27	0	0.906	2.36	0	0.900	2.42	0	0.899	2.39	0	0.885
Max	2.68	0.0042	0.922	2.68	0.0031	0.914	2.69	0.0015	0.904	2.73	0.0011	0.902	2.77	0.0033	0.893
Min	3.24	0	0.938	3.18	0	0.925	3.09	0	0.908	3.10	0	0.904	3.30	0	0.903
Max	3.70	0.0016	0.944	3.70	0.0024	0.936	3.68	0.0037	0.926	3.64	0.0028	0.916	3.66	0.0007	0.905
Min	4.24	0	0.952	4.32	0	0.949	4.37	0	0.947	4.22	0	0.929	4.04	0	0.907
Max	4.71	0.0008	0.957	4.71	0.0004	0.951	4.74	0.0004	0.949	4.75	0.0016	0.938	4.66	0.0028	0.922
Min	5.24	0	0.961	5.15	0	0.953	5.16	0	0.951	5.42	0	0.949	5.31	0	0.939
Max	5.72	0.0004	0.964	5.71	0.0008	0.959	5.69	0.0006	0.955	5.73	0.0001	0.950	5.79	0.0008	0.944
Min	6.24	0	0.968	6.35	0	0.965	6.23	0	0.959	6.07	0	0.950	6.43	0	0.950
Max	6.72	0.0003	0.970	6.73	0.0001	0.966	6.74	0.0004	0.962	6.67	0.0006	0.955	6.72	0.0001	0.950
Min	7.25	0	0.972	7.14	0	0.967	7.35	0	0.966	7.27	0	0.961	7.03	0	0.950
Max	7.73	0.0002	0.974	7.72	0.0003	0.970	7.72	0.0001	0.967	7.77	0.0003	0.963	7.65	0.0004	0.954
Min	8.25	0	0.975	8.34	0	0.974	8.11	0	0.967	8.38	0	0.966	8.22	0	0.958
Max	8.73	0.0001	0.977	8.74	0.0001	0.975	8.72	0.0003	0.971	8.72	0.0000	0.966	8.77	0.0004	0.962
Min	9.25	0	0.978	9.16	0	0.975	9.38	0	0.974	9.06	0	0.967	9.46	0	0.966
Max	9.73	0.0001	0.979	9.72	0.0001	0.977	9.75	0.0000	0.975	9.70	0.0002	0.970	9.78	0.0000	0.966
Min	10.25	0	0.980	10.30	0	0.979	10.16	0	0.975	10.32	0	0.973	10.13	0	0.966
Max	0	1	0	0	1	0	0	1	0	0	1	0	0	1	0
Min	1.000	0	0.479	0.95	0	0.372	0.90	0	0.269	0.85	0	0.172	0.81	0	0.082
Max	1.54	0.0963	0.618	1.48	0.1203	0.512	1.41	0.1395	0.389	1.35	0.1527	0.256	1.28	0.1600	0.124
Min	2.29	0	0.829	2.17	0	0.717	2.06	0	0.560	1.95	0	0.376	1.85	0	0.184
Max	2.76	0.0124	0.859	2.69	0.0306	0.784	2.58	0.0533	0.649	2.47	0.0734	0.456	2.35	0.0861	0.229
Min	3.49	0	0.901	3.39	0	0.873	3.22	0	0.761	3.05	0	0.554	2.90	0	0.284
Max	3.78	0.0004	0.902	3.84	0.0045	0.886	3.74	0.0192	0.808	3.57	0.0401	0.619	3.40	0.0566	0.328
Min	4.12	0	0.903	4.52	0	0.902	4.38	0	0.865	4.16	0	0.695	3.95	0	0.379
Max	4.50	0.0009		4.80	0.0001	0.903	4.86	0.0050	0.880	4.68	0.0218	0.741	4.46	0.0404	0.421
Min	5.05	0	0.910	5.11	0	0.903	5.52	0	0.899	5.27	0	0.795	5.00	0	0.468
Max	5.66	0.0022	0.923	5.58	0.0004	0.905	5.91	0.0005	0.901	5.78	0.0110	0.824	5.51	0.0299	0.507
Min	6.30	0	0.938	6.00	0	0.906	6.47	0	0.903	6.37	0	0.857	6.05	0	0.549
Max	6.81	0.0008	0.943	6.61	0.0016	0.916	6.72	0.000	0.903	6.87	0.0048	0.872	6.56	0.0224	0.584
Min	7.50	0	0.950	7.19	0	0.925	6.97	0	0.903	7.47	0	0.889	7.10	0	0.622

ε	0.5			0.6			0.7			0.8			0.9		
Max/Min r, r_c	$I(r)$	$P(r_c)$	r, r_c	$I(r)$	$P(r_c)$	r, r_c	$I(r)$	$P(r_c)$	r, r_c	$I(r)$	$P(r_c)$	r, r_c	$I(r)$	$P(r_c)$
Max 7.79	0.0000	0.950	87.75	0.0013	0.943	7.53	0.0004	0.905	7.95	0.0016	0.894	6.61	0.0169	0.652
Min 8.12	0	0.950	8.40	0	0.944	7.98	0	0.906	8.57	0	0.901	8.16	0	0.685
Max 8.62	0.0001	0.951	8.87	0.0004	0.947	8.58	0.0010	0.913	8.98	0.0003	0.902	8.67	0.0127	0.711
Min 9.05	0	0.952	9.53	0	0.950	9.13	0	0.919	9.58	0	0.903	9.21	0	0.739
Max 9.68	0.0004	0.957	9.80	0.0000	0.950	9.69	0.0011	0.927	9.83	0.0000	0.903	9.72	0.0094	0.761
Min 10.31	0	0.962	10.11	0	0.950	10.28	0	0.935	10.10	0	0.903	10.26	0	0.784

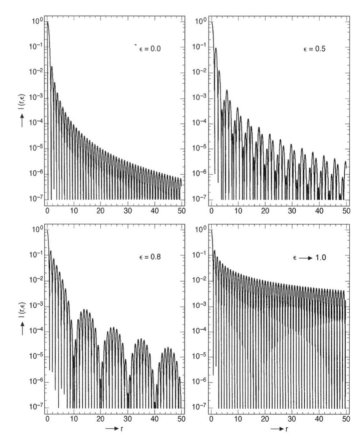

圖 9-3a 　圓形光瞳系統 (ε = 0) 與環瞳系統 (ε ≠ 0) 之輻射照度分布。在遮蔽率趨近於 1 (ε → 0) 的情況下代表完全遮蔽的光瞳之極限的情形，實際上則是接近非常細 的環形光瞳之點擴散函數。

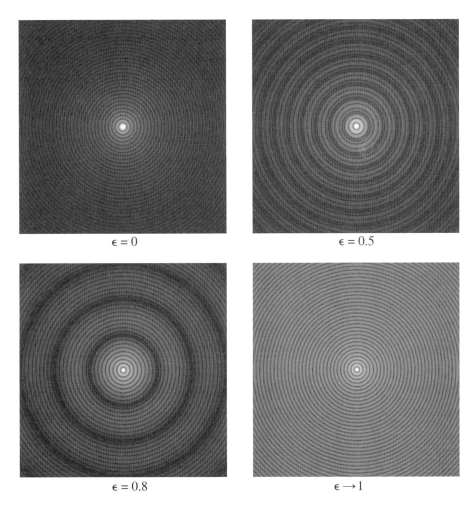

圖 **9-3b** 圓形光瞳 (ε = 0) 和 (ε ≠ 0) 環形光瞳系統之二維點擴散函數分佈。

9.2.2 無像差之光學傳遞函數

如同圓形光瞳之光學系統的情況，空間頻率 v_i 的環形光瞳系統之無像差光學傳遞函數為兩個環形光瞳部分重疊的面積，其中心點分開的距離為 $\lambda R v_i$。因此，可以證明光學傳遞函數為

$$\tau(v; \epsilon) = \frac{1}{1-\epsilon^2} \left[\tau(v) + \epsilon^2 \tau(v/\epsilon) - \tau_{12}(v; \epsilon) \right], \quad 0 \le v \le 1 \tag{9-3}$$

上式中 $\tau(v)$ 由 (8-37) 式得到，代表未遮蔽 (遮蔽率 $\epsilon = 0$) 的系統光學傳遞函數；$v = v_i / (1/\lambda F)$ 為歸一化的徑向空間頻率，如同 (8-38) 式所示。另外

$$\tau_{12}(v; \epsilon) = 2\epsilon^2, 0 \le v \le (1-\epsilon)/2 \tag{9-4a}$$
$$= (2/\pi)\left(\theta_1 + \epsilon^2\theta_2 - 2v\sin\theta_1\right), \quad (1-\epsilon)/2 \le v \le (1+\epsilon)/2 \tag{9-4b}$$
$$= 0, \text{ otherwise} \tag{9-4c}$$

在 (9-4b) 中，θ_1 和 θ_2 分別為

$$\cos\theta_1 = \frac{4v^2 + 1 - \epsilon^2}{4v} \tag{9-4d}$$

以及

$$\cos\theta_2 = \frac{4v^2 - 1 + \epsilon^2}{4\epsilon v} \tag{9-4e}$$

很明顯的**截止頻率** (*cutoff frequency*) 為 $v = 1$ 或是 $v_i = 1/\lambda F$，與環形光瞳的外半徑相關，如同圓形光瞳的情形一樣。此外我們注意到由 (9-3) 式，至少空間頻率為

$$\frac{1+\epsilon}{2} < v < 1 \ , \ \tau(v; \epsilon) > \tau(v) \tag{9-5}$$

是 $\left(1-\epsilon^2\right)^{-1}$ 的因子。在這個頻率範圍內，重疊的面積和遮蔽率 ϵ 無關，但有時因為被遮蔽的光出射瞳面積較小，則重疊面積會因此較大。對於一個細的環形光瞳，像是遮蔽率 $\epsilon \to 1$，在接近截止頻率附近會得到尖銳的峰值。此峰值的頻率表示由**楊氏雙狹縫** (*Young's double-slit*) 孔徑的二維模擬獲得條紋的空間頻率。

$\tau(v; \epsilon)$ 如何對於不同遮蔽率 ϵ (包含遮蔽率 $\epsilon = 0$) 隨著 v 變化，如圖 9-4 所示。與相對應的圓形光瞳 (遮蔽率 $\epsilon = 0$) 比較，我們注意到環形光瞳在高頻時光學傳遞函數值較大，但是在低頻時則較小。與圓形光瞳的結果作比較，環形光瞳的頻域模擬具備較小的中心亮環半徑以及點擴散函數較大次峰值。

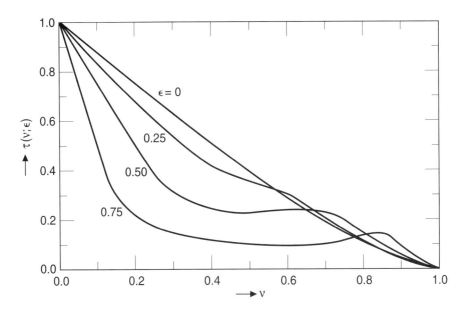

圖 9-4　不同遮蔽率 ϵ 的無像差環形光瞳系統之點擴散函數。

如同 8.5.2 節指出，$\tau(v)$ 在原點的斜率等於 $-4/\pi$。由 (9-3) 式我們發現環形光瞳在原點之光學傳遞函數的斜率由下式決定

$$\tau'(0;\epsilon) = -4/\pi\,(1-\epsilon) \tag{9-6}$$

當系統引入像差時，此斜率不會改變。在此我們要注意的是

$$\int_0^1 \tau(v;\epsilon)\,v\,dv = \left(1-\epsilon^2\right)\big/8 \tag{9-7}$$

9.2.3　軸上輻射照度

對於無像差環形光瞳系統，獲得其影像生成的光束之軸上輻射照度值與圓形光瞳系統獲得的方法相同。因此，我們令 $r = 0$，$\Phi(\rho;z) = B_d(z)\rho^2$ [參考 (8-4) 式]，以及 (8-1) 式的徑向積分下限由 ϵ 取代 0，從而獲得結果

$$I(0;z;\epsilon) = \frac{PS_p}{\lambda^2 z^2}\left\{\frac{\sin\left[B_d\left(1-\epsilon^2\right)\big/2\right]}{B_d\left(1-\epsilon^2\right)\big/2}\right\}^2 \tag{9-8}$$

(9-8) 式不同於對應之圓形光瞳系統的 (8-7) 式，後者中 B_d 分量已經被 $B_d\left(1-\epsilon^2\right)$ 取代，它代表了峰值離焦相位像差位於環形光瞳的外緣，相對於位於內緣的數值而言。因此，對於環形光瞳系統以及給定的斯特列爾比值，離焦容忍度或是**焦深** (depth of focus) 較相對應遮蔽率時的所得到的數值大 $\left(1-\epsilon^2\right)^{-1}$ 倍。軸上輻射照度值為最小值以及等於 0 時的位置 z 值由下式給定

$$R/z = 1 + 2n/N\left(1-\epsilon^2\right) \quad , \quad n = \pm 1, \pm 2, \ldots \tag{9-9}$$

上式中 $N = a^2/\lambda R$ 為在光瞳遮蔽率 $\epsilon = 0$ 時的菲涅耳數。軸向輻射照度的極大值，由對 (9-8) 式取導數等於 0 時所對應的 z 值得到，其解由下式給定

$$\tan\left[B_d\left(1-\epsilon^2\right)/2\right] = (R/z)\,B_d\left(1-\epsilon^2\right)/2 \;, \;\; z \neq R \tag{9-10}$$

圖 9-5 顯示對於當 $N = 1$、10 以及 100 時，遮蔽率 $\epsilon = 0.5$ 的軸向輻射照度值如何變化。與圖 8-2 比較，我們注意到遮蔽效應造成在主要極大值位置輻射照度值減少，但是在次要極大值位置輻射照度值卻增加。此外，對於一個環形光瞳，極大值和極小值發生在較小的 z 值。如同圓形光束的情形，當 N 增加時在聚焦點附近，環形光束的軸向輻射照度值分布也變成對稱分布。

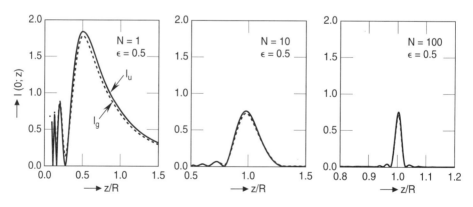

圖 9-5   遮蔽率 $\epsilon = 0.5$、聚焦距離為 R 之環形光束的輻射照度值分布。當 $N = 1$ 時，其輻射照度極小值發生在 $z/R = 3/11, 3/19, 3/27$。這裡的輻射照度單位為具有相同總功率相對應的圓形光束之焦點輻射照度值。因此，圖中的焦點輻射照度為 $1 - \epsilon^2 = 0.75$。當 N 增加時，軸向輻射照度在焦點變成對稱分布。圖中虛線為當 $\gamma = 1$ 時的高斯光束，將在 9.3.3 節討論。

9.2.4　斯特列爾比值

斯特列爾比值由下式給定

$$S = \frac{1}{\pi(1-\epsilon^2)} \int\limits_{\epsilon}^{1} \int\limits_{0}^{2\pi} \exp\left[i\Phi(\rho,\theta;\epsilon)\right] \rho \, d\rho \, d\theta \tag{9-11}$$

對於微量像差，一個具有像差影像的斯特列爾比值仍然由 (8-13) 式到 (8-15) 式給定，除了像差 $\Phi(\rho,\theta;\epsilon)$ 的變異量 σ_{Φ}^2 為遍及光瞳的環形區域。這意味著像差的平均值以及方均值依次由下式給定

$$\langle \Phi^n \rangle = \frac{1}{\pi(1-\epsilon^2)} \int\limits_{\epsilon}^{1} \int\limits_{0}^{2\pi} \Phi^n(\rho,\theta;\epsilon) \rho \, d\rho \, d\theta \tag{9-12}$$

上式中 n 分別為 1 和 2。

初級像差的形式以及其標準差列於表 9-2，表中所列出平衡後的像差代表遍及環形光瞳取變異量最小值來平衡另外一個像差。很明顯的，對於球面像差或是彗星像差，從高斯成像點起，其繞射焦點的距離較圓形光瞳所得到的繞射焦點的距離遠。然而對於像散像差，平衡後的像差與遮蔽率 ϵ 無關。

圖 9-6 顯示像差的標準差如何隨著光瞳的遮蔽率變化。在圖 9-6a 以及圖 9-6b 中，分別顯示使球面像差彗星像差的變異量最小，所需離焦以及傾斜的量。我們從這些圖形觀察到當遮蔽率 ϵ 增加時，球面像差、平衡後球面像差以及離焦像差的標準差會減少。相同地，對於一個給定的斯特列爾比值，就對像差係數 A_s 和 A_d 而言，其容忍度增加。當遮蔽率 ϵ 增加時，彗星像差、像散像差、平衡後像散像差以及傾斜像差的標準差會增加。平衡後彗星像差的標準差一開始稍微地增加，在遮蔽率 $\epsilon = 0.29$ 時達到最大值，接著隨著遮蔽率 ϵ 增加而快速減少。遮蔽率 ϵ 增加時，在球面像差和彗星像差的情形下，像差的標準差將會藉由平衡像差而減少，但是在像散像差的情況則會增加。

表 9-2　均勻照射環形光瞳光學系統之初級像差與其標準差。

Aberration	$\Phi(\rho,\theta)$	σ_Φ
Spherical	$A_s\rho^4$	$\left(4-\epsilon^2-6\epsilon^4-\epsilon^6+4\epsilon^8\right)^{1/2}A_s/3\sqrt{5}$
Balanced spherical	$A_s\left[\rho^4-\left(1+\epsilon^2\right)\rho^2\right]$	$\dfrac{1}{6\sqrt{5}}\left(1-\epsilon^2\right)^2 A_s$
Coma	$A_c\rho^3\cos\theta$	$\left(1+\epsilon^2+\epsilon^4+\epsilon^6\right)^{1/2}A_c/2\sqrt{2}$
Balanced coma	$A_c\left(\rho^3-\dfrac{2}{3}\dfrac{1+\epsilon^2+\epsilon^4}{1+\epsilon^2}\rho\right)\cos\theta$	$\dfrac{\left(1-\epsilon^2\right)\left(1+4\epsilon^2+\epsilon^4\right)^{1/2}}{6\sqrt{2}\left(1+\epsilon^2\right)^{1/2}}A_c$
Astigmatism	$A_a\rho^2\cos^2\theta$	$\left(1+\epsilon^2\right)^{1/2}A_a/4$
Balanced astigmatism	$A_a\rho^2\left(\cos^2\theta-1/2\right)$	$\dfrac{1}{2\sqrt{6}}\left(1+\epsilon^2+\epsilon^4\right)^{1/2}A_a$
Field curvature (defocus)	$A_d\rho^2$	$\left(1-\epsilon^2\right)A_d/2\sqrt{3}$
Distortion (tilt)	$A_t\rho\cos\theta$	$\left(1+\epsilon^2\right)^{1/2}A_t/2$

　　圖 9-7a 和圖 9-7b 分別顯示當遮蔽率 ϵ 分別為 0.5 和 0.75 時，初級像差的斯特列爾比值如何隨著標準差改變，以及和精確值差不多的近似值亦顯示在圖中 [2]。對於一個給定的像差以及對應的平衡後像差的曲線，可以藉由 σ_w 為較大值 (接近 0.25λ) 互相區別。例如彗星像差為圖中均勻虛線所示，較高的虛線為彗星像差，較低的虛線為平衡後彗星像差。

　　如同圓形光瞳的情形，S_1 和 S_2 的表達式低估了真正的斯特列爾比值，當遮蔽率 $\epsilon\geq 0.5$ 時，S_3 的表達式則高估了斯特列爾比值。對於 $S\geq 0.4$，斯特列爾比值的誤差小於 10%。當遮蔽率的值為較小的情況時，對於 $S\geq 0.3$，其誤差量小於 10%。在這裡誤差百分比定義為 $100(1-S_3/S)$。

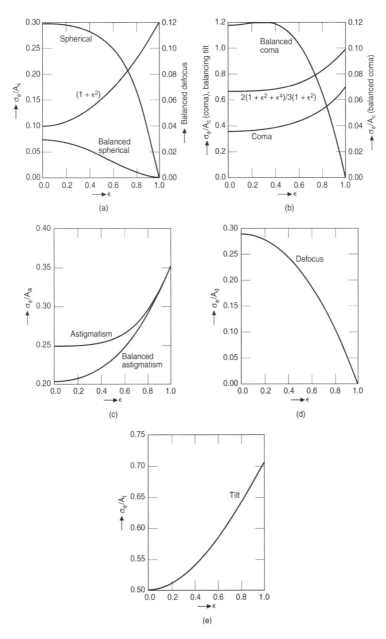

圖 9-6 遮蔽率 ∈ 對初級像差的標準差以及平衡後初級像差之變化圖，圖中亦顯示利用離焦平衡球面像差以及傾斜平衡彗星像差之變化圖。(a) 球面像差、(b) 彗星像差、(c) 像散像差、(d) 離焦像差和 (e) 傾斜像差。

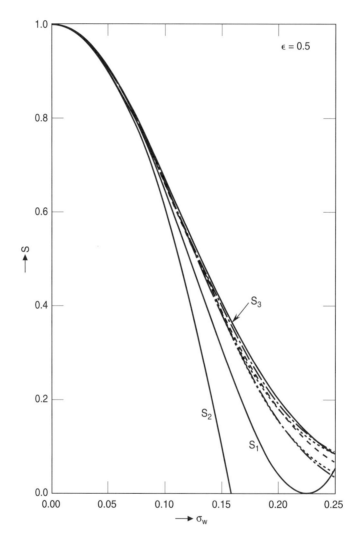

圖 9-7a 遮蔽率 ε = 0.5 環形光瞳之斯特列爾比值，為像差標準差 σ_w (單位為波長 λ) 的
函數。對於給定的標準彗星像差之標準差的斯特列爾比值，幾乎與平衡後彗星
像差的情形相同。對於像差標準差 σ_w 為較大值時，標準像散像差的斯特列爾
比值較平衡後像散像差大。圖中球面像差⋯、彗星像差 ---- 和像散像差 -·-。

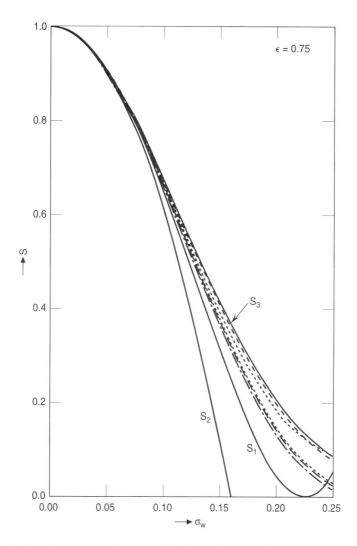

圖 9-7b 遮蔽率 ε = 0.75 環形光瞳之斯特列爾比值，為像差標準差 σ_W (單位為波長 λ) 的函數。對於像差標準差 σ_W 為較大值時，平衡後彗星像差的斯特列爾比值較未平衡彗星像差的比值大，但是在像散像差的情形則相反。要注意的是圖中彗星像差和像散像差的曲線幾乎相同。圖中球面像差…、彗星像差 ---- 和像散像差 -.-.。

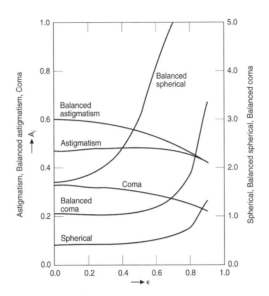

圖 9-8　當 S_1 被用來估計斯特列爾比值時，對於 10% 誤差量，初階像差係數 A_i (單位為 λ) 隨著遮蔽率 ϵ 變化示意圖。

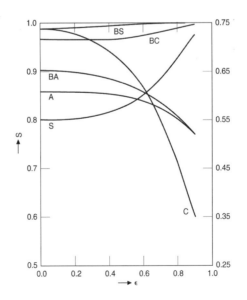

圖 9-9　對於 $A_i = λ/4$ 之斯特列爾比值之示意圖，為遮蔽率 ϵ 的函數。S，球面像差；BS，平衡後球面像差；C，彗星像差；BC，平衡後彗星像差；A，像散像差；BA，平衡後像散像差。圖中右側垂直刻度為只在彗星像差的情況。

當使用 S_1 來估計斯特列爾比值時，圖 9-8 顯示對於誤差量小於 10%，其初級像差的像差係數如何隨著遮蔽率變化[3]。很明顯的在球面像差、平衡後球面像差和平衡後彗星像差的情形裡，像差係數隨著遮蔽率增加；但是在像散像差、平衡後像散像差和彗星像差的情形則是像差係數隨著遮蔽率減少。當像差的像差係數 A_i 等於四分之一波長 ($\lambda / 4$) 時，相對應的斯特列爾比值隨著遮蔽率 ϵ 的變化如圖 9-9 所示，很明顯的只有在少數的情況下可以獲得 0.8 的斯特列爾比值。將圖 9-9 與圖 9-7a 和圖 9-7b 做比較，我們再次推斷出，如同圓形光瞳的情形，使用像差的標準差來取代像差係數有利於估計斯特列爾比值。例如斯特列爾為 0.8 時獲得任意像差的標準差為 $\sigma_w = \lambda/14$。換句話說，不同像差的像差係數獲得不同斯特列爾比值的數值。

9.2.5 平衡後像差與澤尼克環形多項式

在環狀光瞳系統中，對於從軸上算起一定角度的物點，其相位像差函數可被完整展開成**澤尼克環形多項式** (*Zernike annular polynomial*) $Z_n^m(\rho,\theta;\epsilon)$ 集合，而 $Z_n^m(\rho,\theta;\epsilon)$ 為單位環形的正交項。[4] 因此相位像差函數可以表示成

$$\Phi(\rho,\theta;\epsilon) = \sum_{n=0}^{\infty} \sum_{m=0}^{n} c_{nm} Z_n^m(\rho,\theta;\epsilon), \quad \epsilon \le \rho \le 1, \quad 0 \le \theta \le 2\pi \tag{9-13}$$

其中 c_{nm} 為正交歸一化展開係數，與物體的視角有關，n 和 m 是正整數，$n - m \ge 0$ 且為偶數，以及

$$Z_n^m(\rho,\theta;\epsilon) = \left[2(n+1)/(1+\delta_{m0})\right]^{1/2} R_n^m(\rho;\epsilon) \cos m\theta \tag{9-14}$$

$Z_n^m(\rho,\theta;\epsilon)$ 為歸一化正交多項式，其可表示成

$$\frac{1}{\pi(1-\epsilon^2)} \int_{\epsilon}^{1} \int_{\epsilon}^{2\pi} Z_n^m(\rho,\theta;\epsilon) Z_{n'}^{m'}(\rho,\theta;\epsilon) \rho \, d\rho \, d\theta = \delta_{nn'}\delta_{mm'} \tag{9-15}$$

環形多項式 $Z_n^m(\rho,\theta;\epsilon)$ 與 8.3.7 節所討論的圓形多項式 $Z_n^m(\rho,\theta)$ 相似，除了它們正交在不同的光瞳上。藉由格拉姆－施密特**正交化過程** (*Gram-Schmidt orthogonalization process*)，環形多項式可從相對應的圓形多項式獲得。

徑向多項式遵守下列正交關係式

$$\int_{\epsilon}^{1} R_n^m(\rho; \epsilon) R_{n'}^m(\rho; \epsilon) \rho \, d\rho = \frac{1 - \epsilon^2}{2(n+1)} \delta_{nn'} \tag{9-16}$$

徑向多項式 $R_n^m(\rho; \epsilon)$ 為 n 次多項式，包含 ρ^n、$\rho^{n-2} \cdots \rho^m$ 項，其各項係數取決於遮蔽率 ϵ。徑向多項式為 ρ 的奇數或是偶數次取決於 n（或 m）是否為奇數或是偶數。此外

$$\begin{aligned} R_n^m(1; \epsilon) &= 1, \quad m = 0 \\ &\neq 1, \quad m \neq 0 \end{aligned} \tag{9-17}$$

明顯的一個環形多項式 $Z_n^m(\rho, \theta; \epsilon)$ 的角度部分 $\cos m\theta$，應該與相對應之圓形多項式 $Z_n^m(\rho, \theta)$ 相同。

相位像差函數的展開式中，正交歸一化環形係數可寫成

$$c_{nm} = \frac{1}{\pi(1 - \epsilon^2)} \int_{\epsilon}^{1} \int_{0}^{2\pi} \Phi Z_n^m(\rho, \theta; \epsilon) Z_n^m(\rho, \theta; \epsilon) \rho \, d\rho \, d\theta \tag{9-18}$$

可以看出上式代入 (9-13) 式以及使用 (9-15) 式多項式的正交歸一化性質，每一個環形係數，除了 c_{00} 係數外，代表著相對應之多項式項的標準差。像差函數的變異量為

$$\begin{aligned} \sigma_\Phi^2 &= \left\langle \Phi^2(\rho, \theta; \epsilon) \right\rangle - \left\langle \Phi(\rho, \theta; \epsilon) \right\rangle^2 \\ &= \sum_{n=0}^{\infty} \sum_{m=0}^{n} c_{nm}^2 - c_{00}^2 \\ &= \sum_{n=1}^{\infty} \sum_{m=0}^{n} c_{nm}^2 \end{aligned} \tag{9-19}$$

對於 $n \leq 6$ 的澤尼克環形徑向多項式列於表 9-3，在 n 階像差函數的澤尼克（或是正交）展開式中，其與圓形多項式相同。表 9-2 給出了平衡後像差，其可以識別出環形多項式。因此，多項式 Z_2^2、Z_3^1 和 Z_4^0，分別代表平衡後像散像差、彗星像差以及球面像差。從環形多項式 $R_2^2(\rho; \epsilon) \cos 2\theta$ 的形式，明顯的看到使用離焦像差平衡像散像差的情況下，與遮蔽率 ϵ 無關。環形多項式是獨特的，其

表 9-3 澤尼克環形徑向多項式。

n	m	$R_n^m(\rho;\epsilon)$
0	0	1
1	1	$\rho\big/\left(1+\epsilon^2\right)^{1/2}$
2	0	$\left(2\rho^2-1-\epsilon^2\right)\big/\left(1-\epsilon^2\right)$
2	2	$\rho^2\big/\left(1+\epsilon^2+\epsilon^4\right)^{1/2}$
3	1	$\dfrac{3\left(1+\epsilon^2\right)\rho^3-2\left(1+\epsilon^2+\epsilon^4\right)\rho}{\left(1-\epsilon^2\right)\left[\left(1+\epsilon^2\right)\left(1+4\epsilon^2+\epsilon^4\right)\right]^{1/2}}$
3	3	$\rho^3\big/\left(1+\epsilon^2+\epsilon^4+\epsilon^6\right)^{1/2}$
4	0	$\left[6\rho^4-6\left(1+\epsilon^2\right)\rho^2+1+4\epsilon^2+\epsilon^4\right]\big/\left(1-\epsilon^2\right)^2$
4	2	$\dfrac{4\rho^4-3\left[\left(1-\epsilon^8\right)\big/\left(1-\epsilon^6\right)\right]\rho^2}{\left\{\left(1-\epsilon^2\right)^{-1}\left[16\left(1-\epsilon^{10}\right)-15\left(1-\epsilon^8\right)^2\big/\left(1-\epsilon^6\right)\right]^{1/2}\right\}}$
4	4	$\rho^4\big/\left(1+\epsilon^2+\epsilon^4+\epsilon^6+\epsilon^8\right)^{1/2}$
5	1	$\dfrac{10\left(1+4\epsilon^2+\epsilon^4\right)\rho^5-12\left(1+4\epsilon^2+4\epsilon^4+\epsilon^6\right)\rho^3+3\left(1+4\epsilon^2+10\epsilon^4+4\epsilon^6+\epsilon^8\right)\rho}{\left(1-\epsilon^2\right)^2\left[\left(1+4\epsilon^2+\epsilon^4\right)\left(1+9\epsilon^2+9\epsilon^4+\epsilon^6\right)\right]^{1/2}}$
5	3	$\dfrac{5\rho^5-4\left[\left(1-\epsilon^{10}\right)\big/\left(1-\epsilon^8\right)\right]\rho^3}{\left\{\left(1-\epsilon^2\right)^{-1}\left[25\left(1-\epsilon^{12}\right)-24\left(1-\epsilon^{10}\right)^2\big/\left(1-\epsilon^8\right)\right]\right\}^{1/2}}$
5	5	$\rho^5\big/\left(1+\epsilon^2+\epsilon^4+\epsilon^6+\epsilon^8+\epsilon^{10}\right)^{1/2}$
6	0	$\left[20\rho^6-30\left(1+\epsilon^2\right)\rho^4+12\left(1+3\epsilon^2+\epsilon^4\right)\rho^2-\left(1+9\epsilon^2+9\epsilon^4+\epsilon^6\right)\right]\big/\left(1-\epsilon^2\right)^3$
6	2	$\dfrac{\begin{array}{l}15\left(1+4\epsilon^2+10\epsilon^4+4\epsilon^6+\epsilon^8\right)\rho^6-20\left(1+4\epsilon^2+10\epsilon^4+10\epsilon^6+4\epsilon^8+\epsilon^{10}\right)\rho^4\\[2pt]+6\left(1+4\epsilon^2+10\epsilon^4+20\epsilon^6+10\epsilon^8+4\epsilon^{10}+\epsilon^{12}\right)\rho^2\end{array}}{\left(1+\epsilon^2\right)^2\left[\left(1+4\epsilon^2+10\epsilon^4+4\epsilon^6+\epsilon^8\right)\left(1+9\epsilon^2+45\epsilon^4+65\epsilon^6+45\epsilon^8+9\epsilon^{10}+\epsilon^{12}\right)\right]^{1/2}}$
6	4	$\dfrac{6\rho^6-5\left[\left(1-\epsilon^{12}\right)\big/\left(1-\epsilon^{10}\right)\right]\rho^4}{\left\{\left(1-\epsilon^2\right)^{-1}\left[36\left(1-\epsilon^{14}\right)-35\left(1-\epsilon^{12}\right)^2\big/\left(1-\epsilon^{10}\right)\right]\right\}^{1/2}}$
6	6	$\rho^6\big/\left(1+\epsilon^2+\epsilon^4+\epsilon^6+\epsilon^8+\epsilon^{10}+\epsilon^{12}\right)^{1/2}$

在環形光瞳上只有正交的多項式和被平衡後的像差，正如同在 8.3.7 節中討論的對於環形光瞳，其圓形多項式是唯一的。而對於旋轉對稱系統，像差函數由不同的 $\cos m\theta$ 組成多項式，代表製作過程產生誤差的像差函數也同樣由不同的 $\sin m\theta$ 組成多項式。單一下標的環形多項式 $Z_j(\rho, \theta; \epsilon)$ 可以利用如同 8.3.7 節中討論的方法，相對應的單一下標圓形多項式 $Z_j(\rho, \theta)$ 來建立。

9.3　高斯光瞳

到目前為止我們已經考慮整個出射光瞳為**均勻** (uniform) 振幅分布的光學系統。現在我們考慮光學系統的出射光瞳上，其振幅為非均勻振幅形式的**高斯** (Gaussian) 分布 [5,6]，這樣的光瞳通常稱為**高斯光瞳** (Gaussian pupil)。例如，高斯分布振幅一般藉由在光瞳位置放置高斯分布穿透率之濾玻片獲得。在整個光瞳為不均勻振幅分布之光學系統稱為**切趾系統** (apodized system)。討論切趾系統的動機在於減少點擴散函數第二極大值的數值，相對於主要極大值而言，在此同樣適用於高斯雷射光束 (Gaussian laser beam) 的傳播。對於高斯光瞳與均勻穿透率圓形光瞳傳輸相同功率作比較，高斯光瞳之點擴散函數的中心值較小且像差容忍度較高。

9.3.1　無像差之點擴散函數

一個高斯分布振幅可以寫成

$$A(\rho) = A_0 \exp\left(-\gamma \rho^2\right) \tag{9-20}$$

其中 A_0 為常數；γ 為定義高斯函數分布光瞳截斷的參數。假如我們設 ω 為徑向距離，其距離為振幅衰減至中心數值的 $1/e$，則 $\gamma = (a/\omega)^2$，其中 a 為出射光瞳的半徑，在此我們將 ω 作為**高斯半徑** (Gaussian radius)。在 γ 取極限值 $\gamma \to 0$ 時，我們獲得均勻照度分布的光瞳則穿過光瞳的總功率可藉由積分 $A^2(\rho)$ 獲得。

　　高斯光瞳之點擴散函數，或是一個聚焦高斯光束之輻射照度分布，可由將高斯分布振幅帶入至 (8-1) 式獲得。因此無像差系統之輻射照度和環狀功率分布分別由下式獲得 [6]

$$I(r;\gamma) \;=\; 4\left[\int\limits_0^1 \sqrt{I(\rho)}\, J_0(\pi r\rho)\, \rho\, d\rho\right]^2 \tag{9-21}$$

以及

$$P(r_c;\gamma) \;=\; \left(\pi^2/2\right)\int\limits_0^{r_c} I(r;\gamma)\, r\, dr \tag{9-22}$$

其中

$$I(\rho) \;=\; 2\gamma \exp\!\left(-2\gamma\rho^2\right)\big/\left[1-\exp(-2\gamma)\right] \tag{9-23}$$

為輻射照度，其單位為光瞳上單位面積的功率。

　　圖 9-10a 顯示不同 γ 值 (包含 $\gamma = 0$) 之輻射照度以及環狀功率分布。為了清晰可見，輻射照度分布在圖 9-10b 中縱軸取對數刻度，使得均勻光束和高斯光束的第二極大值差異突顯出來。顯而易見的，高斯輻射照度使得中間亮盤部分變寬，但是第二亮環功率則減少。當 γ 值增加時，中心點 [由 (9-21) 式並設 $\gamma = 0$ 獲得] 以及第二極大值數值會減少。對於 γ 為較大值時，繞射光束亦是高斯光束，將在 9.3.6 節中討論。

　　對於 $\gamma = 1$ 的情況，極大值和極小值的位置，以及相應之輻射照度和環狀功率值列於表 9-4。與表 8-1 均勻光瞳的情況比較，明顯的高斯光束相對應之極大值和極小值的位置 r 值，較均勻光束的情況大。此外，而高斯光束的主要極大值只有稍微降低 (0.924 比 1)，第二極大值與相應之均勻光束的極大值低了 3 倍以上。

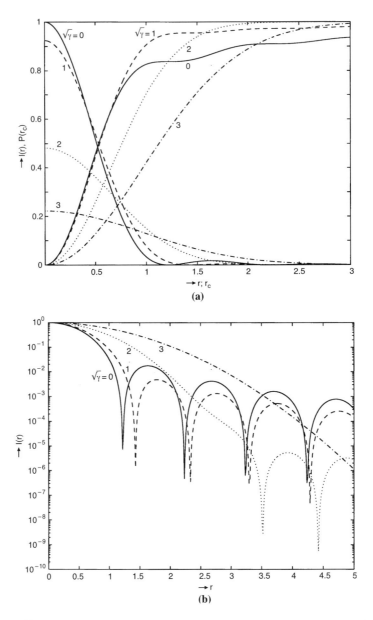

圖 9-10　(a) $\sqrt{\gamma}$ 分別為 0、1、2 與 3 時,高斯光瞳之點擴散函數和環狀功率分布,在此輻射照度單位為 $PS_p/\lambda^2 R^2$,環狀功率單位為 P,以及 r 和 r_c 單位為 λF。(b) 輻射照度分布對中心點做歸一化,縱軸顯示為對數刻度,使得均勻光束和高斯光束的第二極大值差異較明顯。

表 9-4 $\gamma = 1$ 之高斯光瞳在像平面極大和極小值的輻射照度分布與相對應之環狀功率分布，並且與均勻光瞳 ($\gamma = 0$) 結果 (括號中的數值) 比較。

Max/Min	r, r_c	$I(r)$	$P(r_c)$
Max	0	0.924	0
	(0)	(1)	(0)
Min	1.43	0	0.955
	(1.22)	(0)	(0.838)
Max	1.9	0.0044	0.962
	(1.64)	(0.0175)	(0.867)
Min	2.33	0	0.973
	(2.23)	(0)	(0.910)
Max	2.76	0.0012	0.976
	(2.68)	(0.0042)	(0.922)
Min	3.30	0	0.981
	(3.24)	(0)	(0.938)
Max	3.76	0.0005	0.938
	(3.70)	(0.0016)	(0.944)
Min	4.29	0	0.985
	(4.24)	(0)	(0.952)
Max	4.75	0.0002	0.986
	(4.71)	(0.0008)	(0.957)

值得注意的是 $r < 0.42$ 時，$I_u > I_g$。對於較大值 r 時，$I_g > I_u$，除了第二圓環之外，在此再次 $I_u > I_g$。對於 $r_c < 0.63$ 時，環狀功率 $P_u > P_g$；反之當 $r_c > 0.63$ 時，$P_u < P_g$。當然當 $r_c \to \infty$ 時，$P_u \to P_g \to 1$。

9.3.2 無像差之光學傳遞函數

對於無像差之高斯光瞳的光學傳遞函數由下式給定

$$\tau(v; \gamma) = \frac{8\gamma \exp(-2\gamma v^2)}{\pi[1 - \exp(-2\gamma)]} \int_0^{\sqrt{1-v^2}} dq \int_0^{\sqrt{1-q^2}-v} \exp[-2\gamma(p^2 + q^2)]dp, \, 0 \le v \le 1 \quad (9\text{-}24)$$

在此光瞳上的座標點對光瞳半徑 a 做歸一化，以及積分範圍為兩光瞳重疊區域的四分之一圓，其中兩光瞳中心沿著 p 軸分開距離為 v。

　　對於較大 γ 值 (例如：$\gamma \geq 4$)，(9-24) 式的積分式的貢獻是可以忽略的，除非 $v = 0$。在這樣的情況下，它代表一個四分之一光瞳的高斯權重的區域，以及方程式可簡化為

$$\tau(v; \gamma) = \exp(-2\gamma v^2), \quad 0 \leq v \leq 1 \tag{9-25}$$

　　圖 9-11 顯示對於某些 γ 值，光學傳遞函數如何隨著 v 做變化。我們注意到與均勻光瞳 (例如：$\gamma = 0$) 做比較，對於較低空間頻率，高斯光瞳之光學傳遞函數較高，以及在較高空間頻率時光學傳遞函數則較低。除此之外，當 γ 值增加時，光學傳遞函數之低頻部分的頻寬會減少，以及在高頻部分之光學傳遞函數變得愈來愈小。這是由於當兩光瞳中心分開距離 v 值較小時，因為重疊區域較多其高斯分布權重較大。假如我們考慮切趾效應，像是振幅從中心到光瞳邊緣遞增，則光學傳遞函數在低頻時會變小，而高頻時會變大。因此不像像差在其頻帶內，光學系統所有頻率之**調制傳遞函數** (*Modulation Transfer Function, MTF*) 減少那樣，振幅變化可使調制傳遞函數在其頻帶內增加或減少。

9.3.3　軸上輻射照度

離出射光瞳平面距離 z 之離焦成像面的輻射照度分布由下式給定[7]

$$I(r; z, \gamma) = \left(\frac{2R}{z}\right)^2 \left| \int_0^1 \sqrt{I(\rho)} \exp(iA_d \rho^2) J_0(\pi\rho r) \rho\, d\rho \right|^2 \tag{9-26}$$

假如我們設 (9-26) 式中 $r = 0$，可獲得軸上輻射照度

$$I(0; z, \gamma) = \left(\frac{R}{z}\right)^2 \left(\frac{2\gamma}{B_d^2 + \gamma^2}\right) \frac{1}{\sinh\gamma}(\cosh\gamma - \cos B_d) \tag{9-27}$$

它經過一系列的極大值和極小值為 z 的函數，是因為 $\cos B_d$ 項造成。

　　圖 8-2 顯示當**菲涅耳數** (*Fresnel number*) N 為 1、10 和 100 時，$\gamma = 1$ 之聚焦

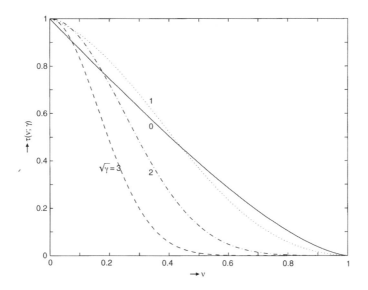

圖 9-11 高斯光瞳之光學傳遞函數。均勻光瞳相當於 $\gamma = 0$，以及 γ 較大值代表弱截斷之光瞳。

高斯光束的軸上輻射照度如何與聚焦均勻光束不同。我們注意到均勻光束之主要極大值，較高斯光束之主要極大值大，然而高斯光束之次要極大值卻較大。此外，均勻光束之軸上極小值有數值為 0 的情形，而高斯光束則有非 0 之極小值的情形。我們注意到當 N 增加時，曲線大約以焦點 $z = R$ 成對稱分布。應該要注意的是即使軸上輻射照度的主要極大值並非位於焦點上，除非 N 是非常大的值，當光束聚焦在從光瞳起給定距離的目標上，可獲得中心輻射照度之最大值。(同樣地，對於稍後討論的弱截斷高斯光瞳，當光束聚焦在目標物上可獲得最小高斯半徑，即使出現在半徑很小的情況下，距離為 $z < R$ 且當 N 很小時。)

9.3.4 斯特列爾比值

斯特列爾比值 (代表有像差以及無像差之中心輻射照度的比值) 由下式給定 [8]

$$S = \left| \int_0^1 \int_0^{2\pi} A(\rho) \exp\left[i\Phi(\rho, \theta)\right] \rho \, d\rho \, d\theta \right|^2 \Bigg/ \left[\int_0^1 \int_0^{2\pi} A(\rho) \, \rho \, d\rho \, d\theta \right]^2$$

$$= \left\{ \frac{\gamma}{\pi[1 - \exp(-\gamma)]} \right\}^2 \left| \int_0^1 \int_0^{2\pi} \exp(-\gamma\rho^2) \exp\left[i\Phi(\rho, \theta)\right] \rho \, d\rho \, d\theta \right|^2 \tag{9-28}$$

從 (8-13) 式到 (8-15) 式可獲得斯特列爾比值的近似值，其中像差的變異量遍及振幅權重光瞳。因此對於一個圓形光瞳，像差的平均值以及方均值為

$$<\Phi^n> = \int_0^1 \int_0^{2\pi} A(\rho) \left[\Phi(\rho, \theta)\right]^n \rho \, d\rho \, d\theta \Bigg/ \int_0^1 \int_0^{2\pi} A(\rho) \, \rho \, d\rho \, d\theta \tag{9-29}$$

其中 n 分別為 1 和 2。遵循與均勻照射之圓形光瞳的相同程序，我們可以獲得平衡後初級像差以及其標準差。表 9-5 給出當 $\gamma = 1$ 時 (例如：$a = \omega$) 的像差及對應之標準差，與表 9-2 中遮蔽率 $\epsilon = 0$ 所得到的結果做比較，明顯的高斯光瞳之像差標準差稍微小於相對應之均勻光瞳的像差標準差。於是對於一個給定的少量像差 A_i，高斯光瞳的斯特列爾比值稍微高於均勻光瞳所對應到的比值。因此當 γ 值增加時，焦深會增加，或者光束變得更為狹窄。同樣地，對於一個給定的斯特列爾比值，高斯光瞳的像差容忍度稍微高於均勻光瞳。此外，利用離焦像差平衡球面像差以及傾斜像差平衡彗星像差的情況下，與相對應之均勻光瞳的情況做比較，有些高斯光瞳得到的結果會較小。換言之，在高斯光瞳的情況下，這些像差的繞射焦點稍微地與均勻光瞳所相應的焦點不同。我們注意到雖然在均勻光瞳的情況下，平衡後球面像差與彗星像差分別減少 4 倍和 3 倍，但是在像散像差的情況下只減少 1.22 倍。對於高斯光瞳，其趨勢大致上相似，但是球面像差和彗星像差的減少量較小，像散像差的減少量則較大。減少量之因子分別為 3.74 倍、2.64 倍以及 1.27 倍，對應到球面像差、彗星像差以及像散像差的情況。(在參考文獻 5 內，像散像差的因子並不是 1.16 以及表格 5 的 1.66。)

表 9-5　γ = 1 之高斯圓形光瞳光學系統的初級像差及其標準差。

Aberration	$\Phi(\rho,\theta)$	σ_Φ
Spherical	$A_s\rho^4$	$\dfrac{A_s}{3.67}$
Balanced spherical	$A_s\left(\rho^4 - 0.933\rho^2\right)$	$\dfrac{A_s}{13.71}$
Coma	$A_c\rho^3\cos\theta$	$\dfrac{A_c}{3.33}$
Balanced coma	$A_c\left(\rho^3 - 0.608\rho\right)\cos\theta$	$\dfrac{A_c}{8.80}$
Astigmatism	$A_a\rho^2\cos^2\theta$	$\dfrac{A_a}{4.40}$
Balanced astigmatism	$A_a\rho^2\left(\cos^2\theta - 1/2\right)$	$\dfrac{A_a}{5.61}$
Defocus	$B_d\rho^2$	$\dfrac{B_d}{3.55}$
Tilt	$B_t\rho\cos\theta$	$\dfrac{B_t}{2.19}$

9.3.5　平衡後像差與澤尼克 - 高斯圓形多項式

　　澤尼克-高斯多項式 (*Zernike-Gauss polynomial*) $Z_n^m(\rho,\theta;\gamma)$ 在遍及整個圓形高斯光瞳成歸一化正交，以及代表著平衡後像差，其可以由均勻光源照射光瞳得到多項式 $Z_n^m(\rho,\theta)$，並經由格拉姆－施密特正交化過程獲得澤尼克-高斯多項式 $Z_n^m(\rho,\theta;\gamma)$。一個圓形出射光瞳光學系統的相位像差函數可以展開成下列多項式的形式 [5,6]

$$\Phi(\rho,\theta;\gamma) \;=\; \sum_{n=0}^{\infty}\sum_{m=0}^{n} c_{nm}Z_n^m(\rho,\theta;\gamma), \quad 0\le\rho\le1,\;\; 0\le\theta\le2\pi \tag{9-30}$$

其中 c_{nm} 為正交歸一化展開係數，n 和 m 為正整數並包含 0，$n-m\ge0$ 且為偶數，以及

$$Z_n^m(\rho,\theta;\gamma) \;=\; \left[2(n+1)\big/(1+\delta_{m0})\right]^{1/2}R_n^m(\rho;\gamma)\cos m\theta \tag{9-31}$$

多項式根據下式成歸一化正交

$$\int_0^1 \int_0^{2\pi} Z_n^m(\rho,\theta;\gamma) Z_{n'}^{m'}(\rho,\theta;\gamma) A(\rho)\rho\, d\rho\, d\theta \bigg/ 2\pi \int_0^1 A(\rho)\rho\, d\rho = \delta_{nn'}\delta_{mm'} \qquad (9\text{-}32)$$

徑向多項式遵守下列正交關係

$$\int_0^1 R_n^m(\rho;\gamma)\, R_{n'}^m(\rho;\gamma)\, A(\rho)\, \rho\, d\rho \bigg/ \int_0^1 A(\rho)\, \rho\, d\rho = \frac{1}{n+1}\delta_{nn'} \qquad (9\text{-}33)$$

徑向多項式 $R_n^m(\rho;\gamma)$ 為一 ρ 的 n 階多項式，包含了 ρ^n、ρ^{n-2} … 和 ρ^m 項，其中係數取決於經由 γ 得到之高斯振幅；換言之，$R_n^m(\rho;\gamma)$ 具有下列形式

$$R_n^m(\rho;\gamma) = a_n^m \rho^n + b_n^m \rho^{n-2} + \dots + d_n^m \rho^m \qquad (9\text{-}34)$$

其中係數 a_n^m …等與 γ 相關。

　　與徑向多項式相應之平衡後初級像差列於表 9-6。如同環形多項式的情形一樣，澤尼克-高斯多項式 $Z_n^m(\rho,\theta;\gamma)$ 角度部分 $\cos m\theta$，與相對應之圓形多項式 $Z_n^m(\rho,\theta)$ 之角度部分的情形相同。從澤尼克 - 高斯多項式的形式 $R_2^2(\rho;\gamma)\cos 2\theta$ 來看，明顯的利用離焦像差來平衡像散像差的情形，與 γ 值的數值無關。澤尼克 - 高斯多項式為獨特的，在某種意義上來說，它們只是在遍及高斯振幅加權之光瞳成正交之多項式，以及代表像是光瞳平衡後的像差。

　　在像差函數展開式遍及某些階數 n 中，其澤尼克 (或是正交) 像差項數與圓形或是環形光瞳的情形相同。澤尼克-高斯展開係數由下式給定

$$c_{nm} = \int_0^1 \int_0^{2\pi} \Phi(\rho,\theta;\gamma) Z_n^m(\rho,\theta;\gamma) A(\rho)\rho\, d\rho\, d\theta \bigg/ 2\pi \int_0^1 A(\rho)\rho\, d\rho \qquad (9\text{-}35)$$

其可以藉由代入 (9-30) 式以及利用 (9-32) 式多項式之正交性看出。每一個展開係數，除了 c_{00} 為例外，代表相應之多項式項的標準差。像差函數的變異量由下式給定

$$\sigma_\Phi^2 = \left\langle \Phi^2(\rho,\theta;\gamma) \right\rangle - \left\langle \Phi(\rho,\theta;\gamma) \right\rangle^2 = \sum_{n=1}^{\infty} \sum_{m=0}^{n} c_{nm}^2 \qquad (9\text{-}36)$$

其中係數 a_n^m 等與 γ 相關。

表 9-6　澤尼克-高斯徑向多項式 $R_n^m(\rho;\gamma)$，代表均勻光束 ($\gamma=0$)、高斯光束 ($\gamma=1$) 以及弱截斷高斯光束之平衡後初級像差。

Aberration	Radial Polynomial	Gaussian*	Gaussian $\gamma=1$	Uniform $\gamma=0$	Weakly Truncated Gaussian
Piston	R_0^0	1	1	1	1
Distortion (tilt)	R_1^1	$a_1^1\rho$	1.09367ρ	ρ	$\sqrt{\gamma/2}\,\rho$
Field curvature (defocus)	R_2^0	$a_2^0\rho^2 + b_2^0$	$2.04989\rho^2 - 0.85690$	$2\rho^2 - 1$	$(\gamma\rho^2-1)/\sqrt{3}$
Astigmatism	R_2^2	$a_2^2\rho^2$	$1.14541\rho^2$	ρ^2	$(\gamma/\sqrt{6})\rho^2$
Coma	R_3^1	$a_3^1\rho^3 + b_3^1\rho$	$3.11213\rho^3 - 1.89152\rho$	$3\rho^3 - 2\rho$	$\sqrt{\gamma/2}\left(\dfrac{\gamma}{2}\rho^3 - \rho\right)$
Spherical aberration	R_4^0	$a_4^0\rho^4 + b_4^0\rho^2 + c_4^0$	$6.12902\rho^4 - 5.71948\rho^2 + 0.83368$	$6\rho^4 - 6\rho^2 + 1$	$(\gamma^2\rho^4 - 4\gamma\rho^2 + 2)/2\sqrt{5}$

$*a_1^1 = (2p_2)^{-1/2},\ a_2^0 = [3(p_4 - p_2^2)]^{-1/2},\ b_2^0 = -p_2 a_2^0,\ a_2^2 = (3p_4)^{-1/2},\ a_3^1 = \dfrac{1}{2}(p_6 - p_4^2/p_2),\ b_3^1 = -(p_4/p_2)a_3^1,$

$a_4^0 = \left\{5[p_8 - 2K_1 p_6 + (K_1^2 + 2K_2)p_4 - 2K_1 K_2 p_2 + K_2^2]\right\}^{-1/2},\ b_4^0 = -K_1 a_4^0, c_4^0 = K_2 a_4^0,$

$p_s = <\rho^s> = (1 - \exp\gamma)^{-1} + (s/2\gamma)p_{s-2},\ s$ 為偶正整數

$p_0 = 1,\ K_1 = (p_6 - p_2 p_4)/(p_4 - p_2^2),\ K_2 = (p_2 p_6 - p_4^2)/(p_4 - p_2^2).$

9.3.6　弱截斷光瞳

　　對於一個**弱截斷高斯光瞳** (*weakly truncated Gaussian pupil*)，即 γ 值很大時，在 (9-20) 式中徑向變數的上限以及任何關聯的方程式從 1 至 ∞ 並且可以忽略誤差。由數值計算顯示對於 $\gamma \geq 9$ (或是 $a \geq 3\omega$)，精確的點擴散函數和估計所獲得的結果之間差異可以被忽略[5]。此外，在一個非弱截斷光束的界線，繞射圖形的環形結構消失以及無像差高斯光束傳播仍為高斯光束。從一個平面距離 z 的平面之光束的半徑和輻射照度分布，其光束半徑為 ω_z，分別由下式給定

$$\omega_z^2 = (\lambda z/\pi\omega)^2 + \omega^2(1 - z/R)^2 \tag{9-37}$$

以及

$$I(r;z) = (2P/\pi\omega_z^2)\exp(-2r^2/\omega_z^2) \tag{9-38}$$

在 (9-38) 式中，r 是在觀察面上一點的未歸一化徑向距離。既然點擴散函數為高斯分布，而**傅立葉轉換** (*Fourier transform*) 代表光學傳遞函數，其仍然是高斯

分布，在稍早 (9-25) 式已指出。對於一個弱截斷光束，既然在光瞳上的功率集中在中心的小範圍附近，像差在外圍範圍的影響則可以忽略的。因此，就在光瞳邊緣 ($\rho = 1$) 之初級像差峰值而言，像差容忍度是非常沒有意義的。舉例來說：就在高斯半徑的峰值而論，考慮其容忍度是更有意義的。假如我們定義

$$\rho' = \sqrt{\gamma}\,\rho \qquad\qquad (9\text{-}39)$$

接著 $\rho' = 1$ 相當於高斯半徑。相應地我們定義像差係數

$$A'_s = A_s/\gamma^2,\; A'_c = A_c/\gamma^{3/2},\; A'_a = A_a/\gamma,\; B'_d = B_d/\gamma,\; B'_t = B_t/\sqrt{\gamma} \qquad (9\text{-}40)$$

其代表在高斯半徑的像差之峰值。

表 9-7 列出徑向方面變數 ρ' 之像差以及像差係數 A'_i，遍及整個高斯光瞳的像差之標準差也列於表中。我們注意到平衡後像差，其標準差減少 $\sqrt{5}$、$\sqrt{3}$、$\sqrt{2}$ 倍，分別為球面像差、彗星像差以及像散像差的情況。當 γ 增加時，在球面像差和彗星像差的情況下，其平衡後像差總和會減少，但是在像散像差的情況則是沒有改變。舉例來說，在球面像差的情況，對於一個弱截斷高斯光瞳，利用離焦像差來平衡後像差總和為相應之均勻光瞳的 $4/\gamma$ 倍。同樣地，在彗星像差的情況，對於一個弱截斷高斯光瞳，利用傾斜像差來平衡後像差總和為相應之均勻光瞳的 $3/\gamma$ 倍。對於斯特列爾比值為 0.8 時，在像差係數 A'_i 方面，其像差容忍度在表 9-7 中給出。係數 A'_i 方面，其容忍度可由使用 (9-14) 式來獲得。

表 9-7　弱截斷 ($\sqrt{\gamma} \geq 3$) 高斯圓形光瞳光學系統之初級像差及其標準差。

Aberration	$\Phi(\rho', \theta)$	σ_Φ	A_i' for $S = 0.8$
Spherical	$A_s' \rho'^4$	$2\sqrt{5} A_s'$	$\lambda/63$
Balanced spherical	$A_s' \left(\rho'^4 - 4\rho'^2 \right)$	$2 A_s'$	$\lambda/28$
Coma	$A_c' \rho'^3 \cos\theta$	$\sqrt{3} A_c'$	$\lambda/24$
Balanced coma	$A_c' \left(\rho'^3 - 2\rho' \right) \cos\theta$	A_c'	$\lambda/14$
Astigmatism	$A_a' \rho'^2 \cos^2\theta$	$A_a'/\sqrt{2}$	$\lambda/10$
Balanced astigmatism	$A_a' \rho'^2 \left(\cos^2\theta - 1/2 \right)$	$A_a'/2$	$\lambda/7$
Defocus	$B_d' \rho'^2$	$\sqrt{3} B_d'$	$\lambda/24$
Tilt	$B_t' \rho' \cos\theta$	$\sqrt{3} B_t'$	$\lambda/20$

9.4　總結

　　環形光瞳之光學系統的成像是非常普遍，例如：**哈伯望遠鏡** (*the Hubble telescope*)。與圓形光瞳做比較，相應之環形光瞳減少了通過的光量，產生較小的中心亮盤與較小的中心照度，但是較亮的繞射環。同樣地，環形光瞳光學系統之光學傳遞函數在低空間頻率時較低，但是在高空間頻率時較高。當遮蔽未改變截止頻率時，對於中心斯特列爾比值，其像差容忍度的影響，取決於像差的種類。如同圖 9-6 中顯示，例如：焦深隨著遮蔽而增加，但是對於像散像差的容忍度則減少。環形光瞳之平衡後像差與相應之澤尼克環形多項式有所關聯，對於環形光瞳它們是獨特的，就如同對於圓形光瞳，圓形多項式是獨特的。

　　在遍及整個光瞳，以高斯分布照射，稱之為高斯光瞳。高斯分布照射可能是由於在光瞳處放置一高斯分布穿透率之濾光片，像是一個**切趾系統** (*apodized system*)；或是光束入射光瞳本身就是高斯分布，像是雷射發射器的情形。鑒於光瞳或是遮蔽光束會減少繞射影像之中心亮點的尺寸，而高斯光照射光瞳則會增加尺寸。給定總功率，對於高斯光瞳在無像差情況下，像的中心值會低於相對應的均勻光瞳情形。

當高斯照度分布變得較窄時，繞射圖案接近高斯分布。當光瞳半徑為高斯半徑 (振幅下降到中心值的 $1/e$ 時之位置) 的兩倍時，影像分布可以近似成高斯分布。對於微小量像差之斯特列爾比值取決於高斯振幅權重之光瞳所得到的像差變異量。高斯光瞳之像差容忍度大於均勻照射光瞳，因為照度隨著距離中心愈遠而減少，但是像差一般隨著離中心愈遠而增加。當光瞳半徑為高斯半徑三倍時，具有像差影像分布之高斯近似是有效的。

高斯光瞳之平衡後像差，與相應的澤尼克-高斯多項式有所關聯。對於高斯光瞳，這些多項式是獨特的，就如同對於圓形或是環形光瞳，澤尼克圓形或是環形多項式是獨特的。我們注意到對於環形和高斯光瞳，平衡後像散像差的形式，與圓形光瞳所得到的形式相同。

參考文獻

1. H. F Tschunko, "Imaging performance of annular apertures," *Appl. Opt.* **18,** 1820–1823 (1974).

2. V. N. Mahajan, "Strehl ratio for primary aberrations in terms of their aberration variance," *J. Opt. Soc. Am.* **73,** 860–861 (1983).

3. V. N. Mahajan, "Strehl ratio for primary aberrations: some analytical results for circular and annular pupils," *J. Opt. Soc. Am.* **72,** 1258–1266 (1982).

4. V. N. Mahajan, "Zernike annular polynomials for imaging systems with annular pupils," *J. Opt. Soc. Am.* **71,** 75–85, 1408 (1981), and *J. Opt. Soc. Am A* **l,** 685 (1984).

5. V. N. Mahajan, "Uniform versus Gaussian beams: a comparison of the effects of diffraction, obscuration, and aberrations," *J. Opt. Soc. Am. A* **3,** 470–485(1986).

6. V. N. Mahajan, "Gaussian apodization and beam propagation," *Progress in Optics*, **49,** 1–96, (2006).

7. V. N. Mahajan, "Axial irradiance of a focused beam," *J. Opt. Soc. Am. A* **22,** 1813–1823 (2005).

8. V. N. Mahajan, "Strehl ratio of a Gaussian beam," *J. Opt. Soc. Am. A* **22,** 1824–1833 (2005).

Chapter 10

像差系統之視線

本章大綱

CHAPTER 10
像差系統之視線

10.1　簡介

　　在本章中，我們考慮一個像差光學系統的**視線** (*line of sight, LOS*)，在這裡假設視線是以配合其繞射點擴散函數的質心。對於一個無像差的光學系統，它與點擴散函數的中心一致；對於一個具有像差的光學系統，它取決於其彗星像差的各階。因此，彗星像差不但像其他像差減少點擴散函數的中心值，而且也使其質心移動。在這裡我們藉由初級彗星像差和數值分析結果，考慮其點擴散函數在峰值和質心位置所造成的影響。

10.2　理論

　　無像差光學系統的視線與繞射點擴散函數的中心一致。對於一個像差系統，讓我們定義它的視線當作其像差點擴散函數的質心。因此，假如 $I(x, y)$ 代表一個物點之含有像差影像的輻射照度分布，它的質心 $\langle x, y \rangle$ 代表系統的視線誤差，由下式給定

$$\langle x, y \rangle = P^{-1} \iint (x, y) I(x, y)\, dx\, dy \tag{10-1}$$

在這裡 P 為影像的總功率。可以證明上述得到的質心，與從幾何點擴散函數所獲得的質心是相同的[1]。令圓形出瞳之光學系統，由澤尼克圓形多項式 (參考 8.3.7 節) 表達的像差函數由下式給定

$$W(\rho, \theta) = \sum_{n=0}^{\infty} \sum_{m=0}^{n} \left[2(n+1)/(1+\delta_{m0}) \right]^{1/2} R_n^m(\rho)(c_{nm}\cos m\theta + s_{nm}\sin m\theta) \tag{10-2}$$

在這裡 c_{nm} 和 s_{nm} 為澤尼克像差係數，代表整個光瞳相應像差之標準差 (除了活賽像差 $n = 0 = m$ 這一項，其標準差為零)。可以證明對於均勻照射光瞳，其具有像差之點擴散函數的質心由下式給定

$$\langle x, y \rangle \;=\; 2F \sum_{n=1}^{\infty} {}' \sqrt{2(n+1)}\,(c_{n1}, s_{n1}) \tag{10-3}$$

在這裡 F 為成像形成之光錐的焦比或是 f 數，以及撇號表示 n 的奇數值總合。我們注意到只有那些提供視線誤差的像差隨著 θ 變化，像是 $\cos\theta$ 和 $\sin\theta$。像差變化，像是 $\cos\theta$，提供 $\langle x \rangle$ 量；$\sin\theta$ 則提供 $\langle y \rangle$ 量。對於給定的數值 c_{n1} 或 s_{n1}，更高階的像差產生視線更大的誤差，這是因為 $\sqrt{2(n+1)}$ 這個因子。因此，兩個 n 值不同，但是 $m = 1$ 之澤尼克像差，具有相同標準差但產生不同的視線誤差，即使它們有 (大約) 相同的斯特列爾比值。(參考 8.3.1 節中，斯特列爾比值和像差標準差的關係。)

假如我們考慮下列像差的形式

$$W(\rho,\theta) \;=\; W_k\,\rho^k\cos\theta \tag{10-4}$$

在這裡 k 是奇整數，我們發現

$$\langle x, y \rangle \;=\; (2FW_k, 0) \tag{10-5}$$

因此，視線誤差取決於峰值像差 W_k 的數值而不是 k。我們注意到對於 $k = 3$，像差種類為初級彗星像差；對於 $k = 5$ 則是次級彗星像差。但是若 $W_3 = W_5$ 的話，即使相應之點擴散函數有相當的差異，它們將提供相同的視線誤差。為何對於一個均勻圓形光瞳有相同的視線誤差，原因是質心只與於沿著光瞳圓周之像差相關，也就是取決於 W_k，而不是 k。[1]

10.3　數值結果

圖 10-1 顯示初級彗星相差為 5λ 時之二維點擴散函數，以及彗星相差從 0 至 2λ 之中心點擴散函數剖面圖，對無像差之中心輻射照度作歸一化，要注意的是 λ 為波長。無像差點擴散函數之峰值 x_p 和質心 $\langle x \rangle$ 位置列於表 10-1，這些點的輻射照度 I_p 和 I_c，以及在點擴散函數中心之 $I(0, 0)$ 亦列於表中。例如：當 $W_3 = 0.5\lambda$ 時，點擴散函數之斯特列爾比值大約等於 0.32，但是峰值為 0.87 位

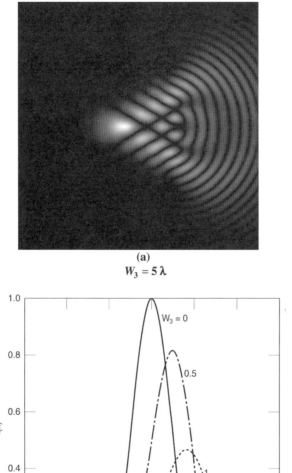

(a)

$$W_3 = 5\,\lambda$$

(b)

圖 10-1　(a) 初級彗星相差 W_3 為 5λ 時的二維點擴散函數；(b) 數個 W_3 (單位為 λ) 典型數值之點擴散函數剖面圖 $I(x, 0)$。

於 (0.66, 0)，與相應之無像差點擴散函數，其峰值為 1 位於 (0, 0) 作比較；其點
擴散函數質心位於 (0, 0) 的位置上。因此，點擴散函數的質心移動量大約為半徑
1.22 (單位為 λF) 之**艾瑞圓盤** (*Airy disc*)。

　　彗星像差變異量最小的點表示為 x_m (從 8.3.3 節中得到其值等於 $4FW_3/3$)，
以及此點上的輻射照度表示為 I_m。我們注意到對於只有 W_3 為小值 ($< 0.7\lambda$) 時，
x_m 和 x_p 值大約彼此相等。利用波前傾斜來平衡彗星像差得到遍及光瞳 (即澤尼
克彗星像差) 最小像差變異量，可對應出微小像差產生輻射照度最大值。

　　圖 10-2 和表 10-2 給出次級彗星像差相似的資訊。比較兩項的圖表，我們注
意到，雖然相同的初級彗星像差 W_3 和次級彗星像差 W_5，其點擴散函數是不同
的，但是它們的質心是相同的。

表 10-1　具有初級彗星像差的圓形光瞳之 x_m、x_p 和 $<x>$ 的典型數值以及相應的輻射照
度 I_m、I_p 和 I_c。

W_3	x_m	x_p	$<x>$	I_m	I_p	I_c	$I(0)$
0	0	0	0	1	1	1	1
0.5	0.67	0.66	1.00	0.8712	0.8712	0.6535	0.3175
1.0	1.33	1.30	2.00	0.5708	0.5717	0.1445	0.0791
1.5	2.00	1.80	3.00	0.2715	0.2844	0.0004	0.0618
2.0	2.67	1.57	4.00	0.0864	0.1978	0.0061	0.0341

表 10-2　具有次級彗星像差的圓形光瞳之 x_m、x_p 和 $<x>$ 的典型數值以及相應的輻射照
度 I_m、I_p 和 I_c。

W_3	x_m	x_p	$<x>$	I_m	I_p	I_c	$I(0)$
0	0	0	0	1	1	0	1
0.5	0.50	0.49	1.00	0.8150	0.8153	0.4114	0.4955
1.0	1.00	0.83	2.00	0.4464	0.4664	0.0025	0.2332
1.5	1.50	0.81	3.00	0.1685	0.3237	0.0098	0.1873
2.0	2.00	1.11	4.00	0.0420	0.2523	0.0073	0.1389

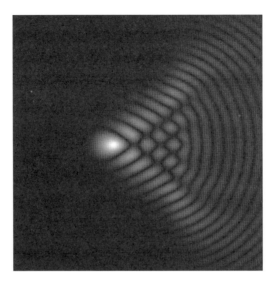

$$W_5 = 5\lambda$$

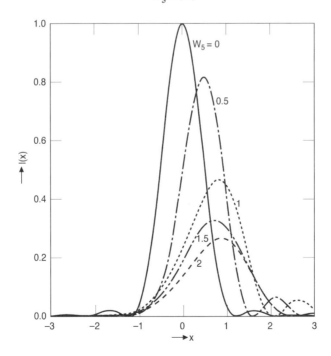

圖 **10-2** (a) 次級彗星相差 W_5 為 5λ 時的二維點擴散函數；(b) 數個 W_5 (單位為 λ) 典型數值之點擴散函數剖面圖 $I(x, 0)$。

10.4　評論

在這裡得到的結果適用於兩個成像系統，例如：像是那些用於光學監視，還有用於對目標主動照明的雷射發射器。在這兩個例子中，光學系統的視線是非常重要的，監視系統的視線誤差將產生目標位置的誤差，在雷射發射器的情況則是一個大的視線誤差可能導致雷射光束完全錯過目標。而對於靜態的像差，我們也許能夠校驗其視線；對於動態的像差，在這裡的分析則是決定像差種類 $\rho^k \cos\theta$ 和 $\rho^k \sin\theta$ 的容忍度。雖我們已經用點擴散函數的質心來定義光學系統的視線，但是它已經用點擴散函數的峰值來被定義 (假設像差夠小以至於點擴散函數有可辨別的峰值)。對於一個無像差之點擴散函數，其峰值和質心皆位於原點，無論在光瞳的振幅如何變化，當 $\cos\theta$ 和 / 或 $\sin\theta$ 取決於像差存在時，此兩者不會一致。視線確切的定義也許會取決於光學系統應用的性質。此外，實際上只有有限的點擴散函數之中心部位會被取樣來測量其質心，以及這樣的測量精確度將受限於光電偵測器陣列的雜訊特性。

為了簡單起見，我們在此已經限制我們的討論在均勻圓形光瞳之光學系統。然而，分析可以延伸到觀察具有像差之**環形光瞳** (*annular pupil*) 和 / 或**高斯光瞳** (*Gaussian pupil*) 之光學系統的視線誤差 [1]。舉例來說，對於一個中心遮蔽率 ϵ 之環形光瞳，當 $k = 3$ 時，(10-5) 式右側乘上 $1 + \epsilon^2$。與均勻光瞳做比較，高斯光瞳所得到 $<x>$ 值較小；換言之，高斯光瞳的質心更接近真實的 (無像差) 視線。

10.5　總結

光學系統的視線由物點成像影像之質心來決定。具有像差之繞射影像的質心，與相應的點圖之質心相同。對於無像差之光學系統，其質心位於影像中心，這是因為徑向對稱的結果。只有彗星像差使質心位移，此位移取決於彗星像差的大小，與其階數無關。圖 10-1 和圖 10-2 說明初級和次級彗星像差為 5λ 時，其峰值、質心的位置，以及對應這些位置之輻射照度，分別列於表 10-1 和表 10-2，$I(0)$ 之斯特列爾比值亦列於表中。

參考文獻

1. V. N. Mahajan, "Line of sight of an aberrated optical system," *J. Opt. Soc. Am. A* **2,** 833–846 (1985).

Chapter 11

隨機像差

本章大綱

CHAPTER 11
隨機像差

11.1　簡介

到目前為止我們已經考慮已經**確定性像差** (*deterministic aberration*)，像是那些設計光學成像系統固有的像差。這些像差為已確定的，也就是說它們為已知或是可以被計算，例如藉由光線追跡光學系統。現在我們考慮自然界**隨機像差** (*random aberration*) 的性質，對影像品質所造成的影響。像差為隨機分布，也就是說對於一個給定的系統，像差是隨著時間隨機變化，或是像差變化從系統上一個取樣到另一個取樣變化為隨機的。第一類隨機像差例子為當光波傳播經過大氣層時，**大氣亂流** (*atmospheric turbulence*) 所引進的像差，像是地面天文觀測；第二類隨機像差例子為系統光學元件**拋光誤差** (*polishing error*) 所引進的像差。在大量製造相同光學元件的拋光誤差，從一個樣品到另一個樣品的變化是隨機的。在這兩種情況下，我們無法獲得精確的影像，除非可以知道瞬間的像差或是精確的拋光誤差量。然而，基於像差的統計，我們可以得到時間平均或是整體平均的影像。

我們將討論兩種形式的隨機像差所造成的影響：**隨機波前傾斜** (*random wavefront tilt*) 或是**隨機波前離焦** (*random wavefront defocus*) 引起**隨機影像移動** (*random image motion*)，以及大氣亂流引起的隨機像差。此兩種型式隨機像差的時間平均之斯特列爾比值、點擴散函數、光學傳遞函數和環狀功率分布也將討論。雖然多數我們的討論為圓形光瞳系統，環形光瞳系統也被考慮，在這裡也給出製造誤差所造成像差的簡短討論。

11.2　隨機影像移動

在許多光學成像系統中，特別是那些在太空中所使用的，總是會有在兩次曝光間隔期間產生影像移動。影像移動的來源，例如可能是指向系統中光學元件和伺服顫振。影像移動可能是橫向或是縱向，也就是分別為垂直或是沿著光軸方向。在光束傳輸系統的情況下，光束本身可能有與其相關的移動。我們給出經歷高斯隨機運動的圓形或是環形出瞳之光學成像系統，其時間平均之點擴散函數、斯特列爾比值、光學傳遞函數以及環形功率分布的表達式。我們將證明斯特列爾比值在橫向運動的情況下，比在縱向運動的情況下，對遮蔽率更為敏感。

11.2.1　橫向影像移動 [1]

圓形光瞳之光學系統，在橫向移動影像特徵為高斯函數之平均值為零和相等的標準差 σ（單位為 λF），其沿著兩個正交軸的影像平面之時間平均點擴散函數由下式給定

$$\langle I(r;\sigma)\rangle = 8\int_0^1 \langle\tau(v;\sigma)\rangle J_0(2\pi rv)\, v\, dv \tag{11-1}$$

其中

$$\langle\tau(v;\sigma)\rangle = \tau(v)\exp\left(-2\pi^2\sigma^2 v^2\right) \tag{11-2}$$

為時間平均之光學傳遞函數。無移動之光學傳遞函數 $\tau(v)$，由 (8-37) 式給定。令 (11-1) 式中 $r = 0$，我們可以獲得時間平均之斯特列爾比值

$$\langle S(\sigma)\rangle = 8\int_0^1 \langle\tau(v;\sigma)\rangle v\, dv \tag{11-3}$$

從光學傳遞函數的觀點來看，其時間平均之環形功率分布由下式給定

$$\langle P(r_c;\sigma)\rangle = 2\pi r_c\int_0^1 \langle\tau(v;\sigma)\rangle J_1(2\pi r_c v)\, dv \tag{11-4}$$

遮蔽率為 ϵ 之環形光瞳光學系統，其相應之方程式為

$$\langle I(r;\epsilon;\sigma)\rangle = \left[8\big/\left(1-\epsilon^2\right)\right]\int_0^1 \langle\tau(v;\epsilon;\sigma)\rangle J_0(2\pi rv)\, v\, dv \tag{11-5}$$

$$\langle S(\epsilon;\sigma) \rangle = \left[8/(1-\epsilon^2) \right] \int\limits_0^1 \langle \tau(v;\epsilon;\sigma) \rangle \, v \, dv \tag{11-6}$$

$$\langle P(r_c;\epsilon\sigma) \rangle = 2\pi r_c \int \tau(v;\epsilon;\sigma) \, J_1(2\pi v r_c) \, dv \tag{11-7}$$

以及

$$\langle \tau(v;\epsilon;\sigma) \rangle = \tau(v;\epsilon) \exp\left(-2\pi^2\sigma^2 v^2\right) \tag{11-8}$$

無移動之光學傳遞函數 $\tau(v;\epsilon)$ 由 (9-3) 式給定。

　　圖 11-1 顯示當遮蔽率 ϵ 從 0 到 0.75，每隔 0.25 取樣時，其斯特列爾比值如何隨著 σ 變化。當 σ 增加時，斯特列爾比值單調地減少。我們注意到當遮蔽率 ϵ 增加時，斯特列爾比值下降是由於對於給定的 σ 值增加，使影像移動所造成。此現象發生是因為對於較大的遮蔽率值，其無影像移動之點擴散函數 (對原點做歸一化) 小於當 $r \leq 1$ 時，較小 r 值的情形。

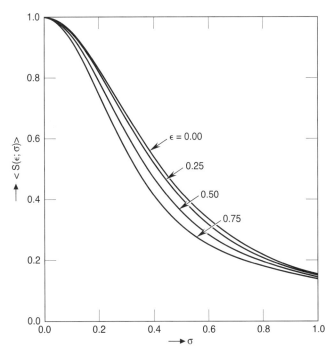

圖 11-1 　幾種典型遮蔽率 ϵ 值的時間平均之斯特列爾比值，為橫向圖像移動之標準差 σ 的函數。

11.2.2 縱向影像移動 [2]

在縱向影像移動的例子中，無像差之影像在像面上隨機地位移。然而，在縱向影像移動的情形裡，其影像為隨機離焦。假如隨機離焦隨時間變化非常緩慢，以及觀察時曝光時間非常短暫，在觀察的時間裡，其離焦影像由離焦之點擴散函數給定。然而，假如曝光時間夠長，使得影像在這段時間內來回移動，我們必須對離焦影像取其平均值。

對於環形光瞳系統，其離焦之點擴散函數為

$$I(r;\Delta;\epsilon) = \left(\frac{2}{1-\epsilon^2}\right)^2 \left| \int_{\epsilon}^{1} \exp\left(-2\pi i\Delta\rho^2\right) J_0(\pi r\rho)\rho\, d\rho \right|^2 \tag{11-9}$$

上式中，Δ 為縱向離焦，單位為 $8\lambda F^2$。因此 $\Delta = 1$ 個單位，代表離焦相位像差為或波像差為一個波的距離。在 (11-9) 式中令 $r = 1$，其相應之斯特列爾比值為

$$S(\epsilon) = \left\{ \frac{\sin\left[\pi\Delta\left(1-\epsilon^2\right)\right]}{\pi\Delta\left(1-\epsilon^2\right)} \right\}^2 \tag{11-10}$$

對於縱向高斯影像移動，其特徵為平均值為零和與縱向離焦 Δ 具有同單位的標準差 σ，其時間平均之點擴散函數、斯特列爾比值和環形分布功率為

$$\langle I(r;\sigma;\epsilon)\rangle = \frac{1}{\sqrt{2\pi}\,\sigma} \int_{-\infty}^{\infty} I(r;\Delta;\epsilon)\exp\left(-\Delta^2/2\sigma^2\right)d\Delta \tag{11-11}$$

$$\langle S(\sigma;\epsilon)\rangle = \frac{1}{\sqrt{2\pi}\,\sigma} \int_{-\infty}^{\infty} \left\{ \frac{\sin\left[\pi\Delta\left(1-\epsilon^2\right)\right]}{\pi\Delta\left(1-\epsilon^2\right)} \right\}^2 \exp\left(-\Delta^2/2\sigma^2\right)d\Delta \tag{11-12}$$

以及

$$\langle P(r_c;\sigma;\epsilon)\rangle = \frac{\pi^2}{2}\left(1-\epsilon^2\right)\int\limits_0^{r_c}\langle I(r;\sigma;\epsilon)\rangle r\,dr \tag{11-13}$$

圖 11-2 顯示時間平均之斯特列爾比值,如何隨著影像移動之標準差 σ 變化。正如同預期,斯特列爾比值隨著影像移動增加而減少。然而,對於較大的遮蔽率 ϵ 值,其斯特列爾比值減少量較小,或是對於給定的標準差 σ 值,其斯特列爾比值大於較大之遮蔽率 ϵ 值的情形。這樣的結果為對於大遮蔽率 ϵ 值,具有較大的焦深的事實,如同 9.2.4 節所討論的那樣。這樣的結果與橫向影像移動的結果相反,在此當遮蔽率 ϵ 增加時,斯特列爾比值隨著標準差 σ 值下降,是由於有遮蔽的光瞳擁有較窄點擴散函數。

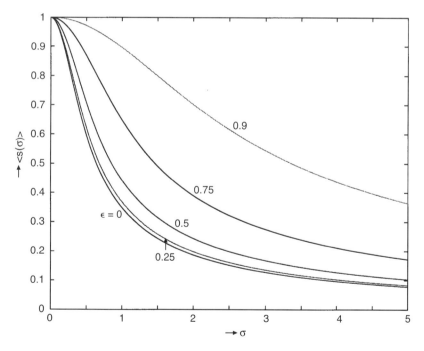

圖 11-2 時間平均之斯特列爾比值 $\langle S(\sigma;\epsilon)\rangle$,為縱向高斯隨機影像移動之標準差 σ 的函數,其中 ϵ 為環形光瞳的遮蔽率。σ 的單位為 $8\lambda F^2$,以及其數值代表離焦波像差之峰值,單位為波長。

　　我們注意到從 (11-10) 式，對於 $\Delta(1-\epsilon^2)$ 值為整數時，靜態的斯特列爾比值為零。因此對於一個圓形光瞳，例如當離焦波像差為一個波長時或是縱向離焦 Δ(單位為 $8\lambda F^2$) 為一時，斯特列爾比值為零。然而，對於標準差 $\sigma = 1$ 時，其時間平均之動態斯特列爾比值為 0.3483。同理，對於遮蔽率 $\epsilon = 0.5$ 之環形光瞳，當 $\Delta = 4/3$ 時，斯特列爾比值為零，但是對於標準差 $\sigma = 4/3$ 時，其時間平均之動態斯特列爾比值大約為 0.35。

11.3　經由大氣亂流之成像 [3]

11.3.1　簡介

　　一個構成無像差影像之望遠鏡的解析度取決於其光瞳直徑 D，其較大的光瞳直徑擁有較佳的解析度。然而在地面之天文台，其解析度嚴重退化是由於引入大氣亂流所形成之像造成。一個代表從遠處恆星經由大氣傳播之均勻振幅和相位平面波，經歷了振幅和相位變化，是由於折射率隨機的不均勻性所造成。振幅的變化，又稱為閃耀，造成的結果是星星的閃爍。一座大型地面望遠鏡的目的，像是在**帕洛瑪山** (*Mt. Palomar*) 的五米望遠鏡，一般已經無法有更佳的解析度，但是可以收集到更多的光線，使其可以觀察到昏暗的物體。當然，**適應性光學** (*adaptive optics*) 的問世 [4-6]，可以藉由可變形反射鏡校正相位像差，達到改善解析度之目的。

11.3.2　長時間曝光圖像

　　對於**柯爾莫葛羅夫亂流** (*Kolmogorov turbulence*)，一個代表長曝光影像之扭曲波前的時間平均之光學傳遞函數為 [7]

$$\langle\tau(v;D/r_0)\rangle = \tau(v)\exp\left[-3.44\left(vD/r_0\right)^{5/3}\right] \tag{11-14}$$

其中 D 為望遠鏡的直徑，以及 r_0 為亂流之**弗瑞德同調長度** (*Fried's coherence length*) [8,9]。(11-14) 式中的指數項，代表波在望遠鏡中之自我同調函數。

由於為 $\exp(-3.44) \simeq 0.03$，大氣亂流使得整個系統之調製傳遞函數下降到 0.03，其相對應的空間頻率為 $v = r_0/D$。同樣地，在波上兩個點相距為 r_0，其複數振幅之同調度只有 0.03，或是由這些點形成二次波前產生之條紋明析度為 0.03。在山上現場，在可見光譜範圍內，r_0 值變化範圍可能從 5 公分到 10 公分，以及隨著 $\lambda^{6/5}$ 增加。

11.3.2.1 圓形光瞳之成像

將 (11-14) 式代入 11.2.1 節中之成像方程式，我們可以得到斯特列爾比值、輻射照度以及環形功率分布。圖 11-3 顯示斯特列爾比值如何隨著 D/r_0 增加而單調地減少。因此，例如對於給定 D 值，斯特列爾比值迅速地隨著 r_0 減少而減少。即使 r_0 和 D 一樣大時，其斯特列爾比值也只有 0.445。

對於柯爾莫葛羅夫亂流之相位像差變異量由下式給定

$$\sigma_\Phi^2 = 1.03(D/r_0)^{5/3} \tag{11-15}$$

將 (11-15) 式代入 (8-15) 式，我們可以得到近似之斯特列爾比值為

$$\langle S_1(D/r_0)\rangle \simeq \exp\left[-1.03(D/r_0)^{5/3}\right] \tag{11-16}$$

它隨著 D/r_0 變化，如圖 11-3 所示。我們注意到，它大大地低估了真正的斯特列爾比值 $\langle S\rangle$。一個更好的近似值由下式給定

$$\langle S_2(D/r_0)\rangle \simeq \left[1+(D/r_0)^{5/3}\right]^{-6/5} \tag{11-17}$$

顯而易見地，如同圖 11-3 中所示。

由 8.2 節中得知，無像差之中心輻射照度為 $PS_p/\lambda^2 R^2$，其中 P 為總功率，$S_p = \pi(D^2/4)$ 為直徑 D 之圓形光瞳總面積，以及 R 為出瞳平面到影像的距離。很明顯的，對於固定的總功率，其輻射照度相對於直徑為 r_0 光瞳之無像差的值，隨著 $(D/r_0)^2$ 而增加。其相應含像差之中心輻射照度值為

$$\eta(D/r_0) = (D/r_0)^2\langle S\rangle \tag{11-18}$$

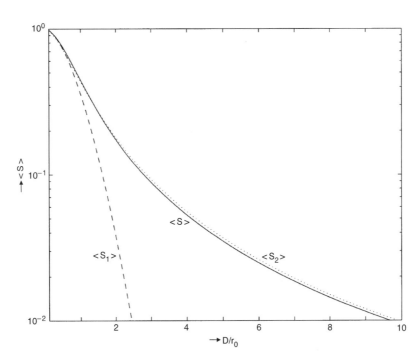

圖 11-3　時間平均之斯特列爾比值隨著 D/r_0 變化之示意圖。實線代表精確的 $\langle S \rangle$ 值，
　　　　虛線代表 $\langle S_1 \rangle$ 之近似值，以及點線代表 $\langle S_2 \rangle$ 之近似值。

　　圖 11-4 顯示比較無像差和具有像差之中心輻射照度值，為 D/r_0 的函數。
我們注意到對於 D 值為較小值時，輻射照度值 η 增加趨勢像是無像差系統，意
味著一個亂流造成的少量影響。當 D 值增加時，輻射照度值增加量緩慢許多，
以及當 $D/r_0 > 5$ 時，η 增加量非常小。當時 $D/r_0 \to \infty$，η→1。其兩條漸進線
$\eta(D/r_0)$ 在 $D/r_0 = 1$ 時相交。的確**弗瑞德** (*Fried*)[7] 這樣定義 r_0，以便產生這樣的
結果。他稱作 η 值為**歸一化解析度** (*normalized resolution*)。

　　在天文觀測中，功率 P 隨著 D 增加而增加。然而，假如觀測是針對均勻背
景的話，影像中背景輻射照度值隨著 D^2 增加。因此，一個物點的可偵測性受限
於亂流所對應光瞳直徑的值 r_0，不論 D 值實際上多大。在固定雷射功率之雷射
發射器的情況下，目標物的中心輻射照度值再一次受限於無像差之光束的直徑
值 r_0，不論發射器實際上的直徑有多大。

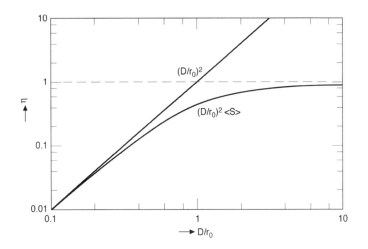

圖 11-4 對於固定之總功率，中心輻射照度值 η 為 D/r_0 的函數。其無像差之值隨著 $(D/r_0)^2$ 增加；但是含有像差時，當 $D/r_0 \to \infty$ 時，其值趨近於 1。

圖 11-5 顯示幾個不同 D/r_0 值之對中心做歸一化的輻射照度分布。即使小的 D/r_0 值，像是 1 時，其繞射光環會消失，以及點擴散函數變的平滑，可能會接近高斯函數分布，其相應之環形功率分布亦顯示在圖 11-5。當 D/r_0 增加時，一個給定部分的總功率被包含在一個愈來愈大的圓。做為一個例子，當沒有亂流時，84% 的總功率被包含在一個半徑 $r_c = 1.22$ 的圓內；當 $D/r_0 = 1$ 時，它 (84% 的總功率) 被包含在半徑為 1.9 的圓內。

11.3.2.2　環形光瞳之成像

對於環形光瞳系統，亦獲得相似的結果[10]。對於固定的總功率，圖 11-6 顯示直徑為 r_0 之圓形光瞳，含有像差之中心輻射照度相對於無像差之值，

$$\eta(\epsilon\,;D/r_0 = (1 - \epsilon^2)(D/r_0)\langle S(\epsilon\,;D/r_0)\rangle \tag{11-19}$$

如何隨著 D/r_0 變化。隨著 $(1-\epsilon^2)(D/r_0)^2$ 變化之無像差中心輻射照度由幾個遮蔽率值組成的直線來描述。對於小的 D/r_0 值，η 隨著 D/r_0 增加，就如同其對應之無像差的情形。然而，對於大的 D/r_0 值，它緩慢地增加。在超過一定的

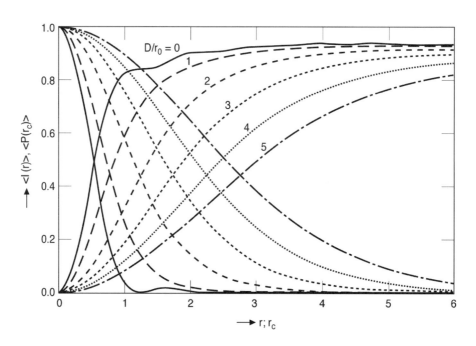

圖 11-5 對於不同 D/r_0 值之時間平均之輻射照度值以及環形功率分布。

D/r_0 值,其增加量是可以忽略的,中心輻射照度取決於遮蔽率 ϵ 值。大氣亂流的飽和效應發生在當遮蔽率增加時,愈來愈大 D/r_0 的值。不論遮蔽率的值,

$$\eta(\epsilon; D/r_0) \rightarrow 1 \text{ as } D/r_0 \rightarrow \infty \tag{11-20}$$

就如同圓形光瞳的情形一樣。對於給定的遮蔽率 ϵ 值,兩條漸進線 $\eta(\epsilon; D/r_0)$ 相交在點 $D/r_0 = \left(1 - \epsilon^2\right)^{-1/2}$。因此,無論 D 值多大,中心輻射照度值小於或是等於直徑為 r_0 之圓形光瞳系統的無像差之中心輻射照度值,當 $D/r_0 \rightarrow \infty$ 時趨近相等。中心輻射照度之極限值與遮蔽率 ϵ 無關,對於幾個 D/r_0 以及遮蔽率 ϵ,其典型的斯特列爾比值列於表 11-1。

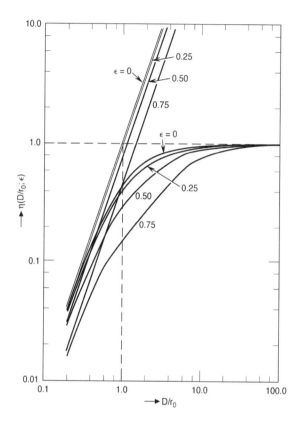

圖 11-6 幾個遮蔽率 ϵ 值，$\eta(\epsilon; D/r_0)$ 隨著 D/r_0 變化的圖形。其中無像差之值由 $(1-\epsilon^2)(D/r_0)^2$ 給定，為圖中顯示的直線。當 $D/r_0 \rightarrow \infty$ 時，含有像差之值趨近於 1，不論遮蔽率 ϵ 值。

表 11-1 對於變化之遮蔽率 ϵ 以及值的時間平均之斯特列爾比值。

$\epsilon \backslash D/r_0$	1	2	3	4	5
0	0.445	0.175	0.089	0.053	0.035
0.25	0.430	0.169	0.088	0.054	0.036
0.50	0.391	0.160	0.090	0.058	0.040
0.75	0.344	0.152	0.095	0.067	0.050

　　圖 11-7 顯示對於遮蔽率 $\epsilon = 0.5$ 時，輻射照度分布或是點擴散函數，以及環形功率分布如何隨著 D/r_0 增加而改變。點擴散函數對中心做歸一化，實際上中心值為斯特列爾比值，由表 11-1 中給定。當 D/r_0 值增加時，繞射光環消失和點擴散函數變的平滑，以及給定的部分總功率，被包含在愈來愈大半徑的圓內。

　　像差的變異量，從圓形光瞳 (遮蔽率 $\epsilon = 0$) 的 $1.03(D/r_0)^{5/3}$，到無限薄環形光瞳 (遮蔽率 $\epsilon \to 1$) 的 $1.84(D/r_0)^{5/3}$，單調地增加 [11]。

11.3.3　短時間曝光圖像

　　像差可以被分解成各式的澤尼克多項式的像差型式 [12]。例如它發現到，87% 的像差變異量組成波前傾斜，即隨機圖像移動。一個短時曝光圖像的變異量 (因此它不會由圖像移動而降低) 由 (11-21) 式給定

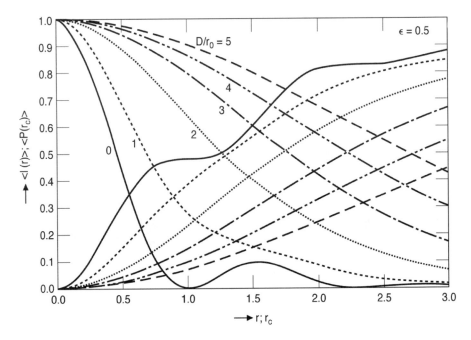

圖 11-7　幾個典型 D/r_0 值以及遮蔽率 $\epsilon = 0.5$ 時的時間平均之點擴散函數和環形功率分布。

$$\sigma_\Phi^2 = 0.134 \left(D/r_0 \right)^{5/3} \tag{11-21}$$

圖 11-8 顯示了對應不同的 D/r_0 值之短曝光點擴散函數。在圖 11-8a 中，D 值保持不變，而 r_0 值由等於 D 減少到 $D/3$ 和 $D/10$，例如：$D = 1$ 公尺，r_0 值分別為 1 公尺、33.3 公分以及 10 公分。我們注意到每張圖像皆被劃分成許多小點，稱之為**光斑** (speckle)，為隨機像差的一個特徵。光斑的尺寸由 D 值來決定，其角半徑約等於 λ/D。整張圖像的尺寸由 r_0 值決定，其角半徑約等於 λ/r_0。因 r_0 值減少使得圖像逐漸變的糟糕，此影響天文學家稱為**視寧度** (seeing)。在圖 11-8b 中，r_0 值保持不變，而 D 值由等於 r_0 加到 $3r_0$ 和 $10r_0$，例如：$r_0 = 10$ 公分，D 值分別為 10 公分、30 公分以及 1 公尺。現在光斑的尺寸隨著 D 增大而減小，但是圖像的尺寸大致上恆定不變。因此，D 值的增加並沒有顯著地改善系統的解析度 (由圖像的整體尺寸所決定)。為方便起見，圖 11-8b 所顯示的點擴散函數，與圖 11-8a 比較，已減少 1.5 倍。

$D/r_0 = 1$　　　　　　$D/r_0 = 3$　　　　　　$D/r_0 = 10$

圖 11-8a　含大氣亂流像差的短時曝光點擴散函數，D 保持不變、r_0 為可變。例如：D = 1 公尺以及 r_0 = 1 公尺、33.3 公分和 10 公分，分別得到 D/r_0 = 1、3、10。D 值的大小決定光斑的尺寸，而 r_0 值決定影像整體的尺寸。

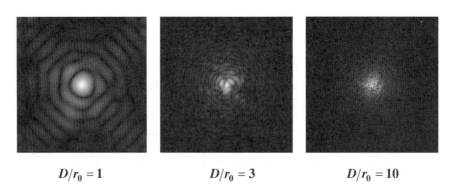

$$D/r_0 = 1 \qquad\qquad D/r_0 = 3 \qquad\qquad D/r_0 = 10$$

圖 11-8b 含大氣亂流像差的短時曝光點擴散函數，r_0 保持不變、D 為可變。例如：r_0 = 10 公分以及 D = 10 公分、30 公分和 1 公尺，分別得到 D/r_0 = 1、3、10。D 值的大小決定光斑的尺寸，而 r_0 值決定影像整體的尺寸。為方便起見，圖中所顯示的點擴散函數，與圖 11-8a 比較，已減少 1.5 倍。

因此，例如 D/r_0 =10 所對應到兩部分的圖片，除此之外皆相似。(像差函數用於這種情況和相應之干涉圖形顯示在圖 12-4。) (8-13) 式至 (8-15) 式的近似表示式不適合用於計算隨機像差的平均斯特列爾比值。例如：即使對於 D/r_0 =1，(8-15) 式得到的斯特列爾比值為 0.357，相對於真實的斯特列爾比值為 0.445。對於較大的 D/r_0 值，(8-15) 式較大的因子部分低估了平均斯特列爾比值。

11.3.4　幸運成像與自適性光學

由於亂流所引進的像差在性質上是隨機的，以及由於波前傾斜代表著這些像差的大部分。可以想像的是，在一定時間的瞬間，**短時曝光** (*short exposure, SE*) 影像實際上是無像差。因此，觀察者可以在亂流特性由 r_0 顯著變化出現之前的一段時間內，採取一系列的短時曝光影像。選擇高品質影像，是根據它們的半高全寬或是對總照度做歸一化之像素峰值，以像素峰值為中心，以及總結整個過程稱為位移相加。這個方法被稱之為**幸運成像** (*lucky imaging*) [13,14]。

圖 11-9a 顯示一個低品質短時曝光恆星影像的情形，以及圖 11-9b 顯示相應之高品質影像。圖 11-9c 顯示在 21 分鐘之內，每秒擷取 40 張，總共疊加 50,000

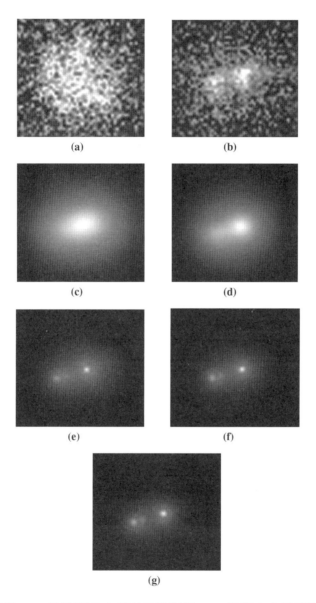

(a)

(b)

(c)

(d)

(e)

(f)

(g)

圖 11-9   幸運成像。(a) 低品質短時曝光恆星影像；(b) 相應之高品質影像；(c) 在疊加
50,000 張，每秒拍攝 40 張，全部超過 21 分鐘之短時間曝光所獲得的長時間曝
光影像；(d) 藉由校正短時間曝光影像中心所獲得的長時間曝光影像；(e) 藉由
畫素峰值來校正 50% 被選擇之短時間曝光影像並且疊加；(f) 疊加 10% 之短時
間曝光影像；(g) 疊加 1% 之短時間曝光影像。

張短時曝光影像之長時曝光影像。當短時曝光影像之質心對準時,影像品質將
獲得改善,如同圖 11-9d 所示,此影像相當於一個傾斜和偏向波前已經被即時
校正的短時曝光影像。圖 11-9e 到圖 11-9g 說明,選擇影像的量為 50%、10% 以
及 1% 最好的影像,根據對準影像峰值的半高全寬並疊加得到的影像。

　　影像的品質也可以藉由與**適應性光學** (*adaptive optics*) (接近) 及時修正波前
誤差來獲得改善 [4-6]。實際上,一個只含三個致動器的可轉向的反射鏡被用於校
正波前的大量傾斜與偏向,殘餘的像差可藉由連接到致動器陣列的可變形鏡面
來校正。決定致動器的信號,不是藉由在封閉迴路中,由波前感測器來感測波
前誤差,使得殘餘物差的變異量最小化;就是藉由產生澤尼克模式 (例如:聚
焦、兩種模式的像散像差、兩種模式的彗星像差…等。) 反覆地迭代來驅動致
動器,直到影像的銳利度被最大化 [15-17]。信號與由大氣色散所提供之可忽略的
光學波長是無關的,此兩種方法分別稱為**區塊逼近** (*zonal approach*) 和**模態逼
近** (*modal approach*)。區塊逼近方法優點為校正的速率僅受限於波長誤差被檢測
的速率,以及致動器被驅動的速率。然而,被用於波長檢測器的總光量,從影
像中減少。實際上,影像的光束被分為兩部分。其中一部分影像的質心由一個
四方型的單元感測器來量測,以及傾斜表示藉由可轉向之反射鏡來校正。將含
有殘餘像差的另一部份經過傾斜校正之影像,藉由在一個封閉迴圈的方式,利
用可變形鏡面來校正。在模態逼近的方法中,光的能量沒有漏失,但是速率或
是頻帶的校正因為迭代本質而被減緩,尤其是當亂流嚴重時以及大量模態需要
被校正時。此外,對於一個延展物體的成像,波前感測在其附近需要一個點光
源,但是模態逼近方法適用於延展物體本身。自適性光學也被用於幸運成像,
來達到繞射極限的影像品質 [18]。

　　當然,自適性光學可以改善影像品質,僅限於當物體位於亂流等量角之
內。在地面到空間雷射照射人造衛星的情況下,在光束往返衛星行進期間的時
間,衛星之角行程 (一個點向前的角度) 必須小於亂流之等暈角。

11.4　製造誤差及其公差

　　在第一章到第六章中，我們已經展示如何計算各種光學成像系統的像差。雖然沒有明確地指出，據了解一個成像系統的元件都有其規定的形狀，即元件沒有任何製造上的誤差。這樣計算出的系統像差被稱為系統之**設計像差** (*design aberration*)。實際上，當一個系統的元件被製造出來時，其確切的形狀會稍微偏離預定的形狀。這些製造或是加工上的誤差，通常被稱為**表面誤差** (*surface error*) 或是**外形誤差** (*figure error*)。假如一個元件被大量製造，本質上它們典型是隨機的，從一個樣品到另一個樣品，它們的誤差為隨機地變化。但是，這些誤差在統計上有一定的特性，取決於製造的過程。例如：一個元件拋光不規則性的寬度 (或是相關長度)，取決於用於拋光工具的尺寸。一個系統元件之外形誤差貢獻其像差，例如：假如 θ 和 θ′ 分別為折射率 n 和 $n′$ 的分離介質之光線在介面的入射角和折射角，以及若 δF 為從預定形狀沿著該點的表面法線之光線的入射點之表面的偏差量，其光程的變化由下式給定

$$\delta W = (n \cos\theta - n' \cos\theta')\delta F \tag{11-22}$$

因此，在正向入射的情況下，一片折射率為 n 的平行平板引進了波前誤差，為相應之外形誤差的 $(n-1)$ 倍。在空氣中一個反射面的情況下，(11-22) 式可簡化為

$$\delta W = 2\cos\theta \, \delta F \tag{11-23}$$

因此，在這種情況下，保守估計波前誤差為兩倍的外形誤差。從元件的**熱變形** (*thermal distortion*) 和**元件錯位** (*misalignment*) 以及**間隔誤差** (*spacing error*) 所產生的波前誤差，也可由 (11-22) 和 (11-23) 式計算。

　　因為外形誤差的隨機本質，系統的預期總波前誤差，可以透過系統所有元件之波前誤差的變異量之方均根總和來獲得。事實上，這是光學公差在系統所有元件的外形誤差如何被分配。例如，假如我們對系統的斯特列爾比值為 0.8 有興趣，使得波前誤差之標準差總預算量為 λ/14，元件的外形誤差可以被平均地分配，或是優先分配給其中一個元件，使得它們的波前誤差之標準差平方總合

再開根號後的值為 $\lambda/14$。

作為一個數值的例子，考慮一個三面反射鏡的系統。為了簡單起見，讓每面反射鏡所允許的外形誤差之標準差為 σ_F，以及其相應之波前誤差為 $2\sigma_F$。由三面反射鏡所提供總波長誤差為

$$\sigma_W^2 = 3(2\sigma_F)^2 \tag{11-24}$$

因此，對於斯特列爾比值為 0.8 時，其外形誤差容許量為 $\lambda/48$。

11.5　結論

先前的章節中已經考慮了系統已經確定的像差，意義上它們是已知的，也可藉由計算或是測量得知。本章我們考慮隨機像差，意義上我們知道它們的統計資訊，但是不知道它們的詳細分布。這種像差的例子是隨機圖像移動，是由於製造上誤差，以及引入大氣亂流所造成。圖 11-1 和圖 11-2 分別顯示在影像的斯特列爾比值為移動之標準差的函數，對隨機橫向和縱向影像移動的影響。在橫向影像移動的情況下，影像朝著像面的上下以及側面移動。但是在縱向影像移動的情況下，影像隨著沿著光軸隨機移動而離焦。正如預期，斯特列爾比值隨著影像移動增加而單調地減少。但是，在橫向影像移動的情況下，對於較大的遮蔽率值，這種減少量較少是因為其較大的焦深。這種影響與橫向影像移動的情形相反，在此當遮蔽率增加時，斯特列爾比值下降量隨著影像移動增加而增加，是因為其點擴散函數的中心圓盤較狹窄的緣故。

大氣亂流所引入的像差，不僅減少斯特列爾比值以及使影像擴大，而且也破壞了影像的光斑。影像的大小由大氣亂流的同調長度所決定，而光斑的大小則是取決於光瞳的直徑。大部分 (87%) 的像差為一隨機波前傾斜，可以藉由短時曝光拍照以及適合的定位並疊加照片來避免其影響，此作法即為藉由屏除較差影像之幸運成像。影像也可以藉由可轉向式反射鏡克服波前傾斜，以及可變形反射鏡來克服像差，來改善其品質。

參考文獻

1. V. N. Mahajan, "Degradation of an image due to Gaussian image motion," *Appl. Opt.* **17,** 3329–3334 (1978).

2. V. N. Mahajan, "Degradation of an image due to Gaussian longitudinal motion," *Appl. Opt.* **46,** 3700–3705 (2007).

3. V. N. Mahajan and G.-M. Dai, "Imaging through atmospheric turbulence," in *Handbook of Optics*, 3rd ed., M. Bass, Ed., Chapter 4, Vol. V (McGraw-Hill, New York, 2009).

4. R. Fugate, "Adaptive optics," in *Handbook of Optics*, 3rd ed., M. Bass, Ed., Chapter 5, Vol. V (McGraw-Hill, New York, 2009)

5. J. W. Hardy, *Adaptive Optics for Astronomical Telescopes* (Oxford, New York, 1998).

6. R. K. Tyson, *Introduction to Adaptive Optics* (SPIE Press, Bellingham, WA, 1999).

7. D. Fried, "Optical resolution through a randomly inhomogeneous medium for very long and very short exposures," *J. Opt. Soc. Am.* **56,** 1372–1379 (1966).

8. D. Fried, "Evaluation of r_0 for propagation down through the atmosphere," *Appl. Opt.* **13,** 2620–2622 (1974); errata 1, Appl. Opt. **14,** 2567 (1975); errata 2, *Appl. Opt.* **16,** 549 (1977).

9. D. L. Walters and L. W. Bradford, "Measurement of r_0 and q_0: two decades and 18 sites," *Appl. Opt.* **36,** 7876–7886 (1997).

10. V. N. Mahajan and B. K. C. Lum, "Imaging through atmospheric turbulence with annular pupils," *Appl. Opt.* **20,** 3233–3237 (1981).

11. G.-m Dai and V. N. Mahajan, "Zernike annular polynomials and atmospheric turbulence," *J. Opt. Soc. Am. A* **24,** 139–155 (2007).

12. R. J. Noll, "Zernike polynomials and atmospheric turbulence," *J. Opt. Soc. Am.* **66,** 207–211 (1976).

13. N. M. Law, C. D. Mackay, and J. E. Baldwin, "Lucky imaging: high angular resolution imaging in the visible from the ground," *Astron. & Astrophys.* **446,** 739–745 (2006).

14. C. Mackay, J. Baldwin, N. Law, and P. Warner, "High resolution imaging in the visible from ground without adaptive optics: New techniques and results," *Proc. SPIE* **5492,** 128–135 (2004) [doi: 10.1117/12.550443].

15. R. A. Miller and Buffington, "Real-time wavefront correction of atmospherically degraded telescopic images through image sharpening," *J. Opt. Soc. Am.* **61,** 1200–1210 (1974).

16. A. Buffington, F. S. Crawford, R. A. Miller, A. J. Schwemin, and R. G. Smits, "Correction of atmospheric distortion with an image-sharpening telescope," *J. Opt. Soc. Am.* **67,** 298–305 (1977).

17. V. N. Mahajan, J. Govignon, and R. J. Morgan, "Adaptive optics without wavefront sensors," *Proc. SPIE* **228,** 63–69 (1980).

18. C. Mackay, N. Law, and T. D. Stayley, "Diffraction limited imaging in the visible from large ground-based telescopes: New methods for future instruments and telescopes," *Proc. SPIE* **7014,** 7014C– 7014C-7 (2010) [doi: 10.1117/12.787439].

Chapter 12

像差的觀測

本章大綱

CHAPTER 12
像差的觀測

12.1　簡介

　　在本章之中，我們簡單地描述如何觀察到光學系統的初級像差。在此我們討論的重點為如何分辨初級像差，而不是如何精確地量測。由於光線頻率非常高 (10^{14} 到 10^{15} 赫茲)，光波長與像差是無法直接地被觀察到，光學偵測器根本不能響應這些頻率。在第八章中，我們已經看到了單色物點經由一具有像差的系統成像，其成像會對於不同的像差而有特徵上的不同。我們可由另外更有效的方法來辨識像差，這方法就是干涉，其是利用兩道光結合所產生，其中一道光是已通過系統的光線。

12.2　初級像差

　　我們考慮一個光學成像系統，其為具有半徑為 a 的圓形出射孔徑。(r, θ) 為出射光瞳平面上一個點的極座標，**初級相位像差** (*primary phase aberration*) 的函數形式可以寫成

$$\Phi(\rho, \theta) = \begin{cases} A_s\rho^4 + B_d\rho^2 \text{，球面像差結合離焦像差} & (12\text{-}1) \\ A_c\rho^3\cos\theta + B_t\rho\cos\theta \text{，彗星像差結合傾斜像差} & (12\text{-}2) \\ A_a\rho^2\cos^2\theta + B_d\rho^2 \text{，像散像差結合離焦像差} & (12\text{-}3) \\ A_d\rho^2 \text{，場曲像差} & (12\text{-}4) \\ A_t\rho\cos\theta \text{，畸變相差} & (12\text{-}5) \end{cases}$$

其中 A_i 或是 B_i 為峰值像差係數，代表相應之整個光瞳的最大值，以及 $\rho = r/a$ 為歸一化徑向變量。對於一個特定的物點，當 $\Phi(\rho, \theta) = 0$ 時，通過出射光瞳中心的波前為中心點在高斯成像點的球面波。令其曲率半徑為 R，對於一個含有像差的系統，$\Phi(\rho, \theta)$ 表示位置在點 (ρ, θ) 時，與球面波波前的光學偏差量。

在 (12-1) 式中，當 $B_d = 0$ 時，像差的形式為**球面** (*spherical*) 像差。非零的值意味著結合了離焦像差，即根據 (8-6) 式，像差並非相對於以高斯成像點為中心的參考球面，而是以離出射光瞳面距離 z 為中心的另一個球面。就如同第七章中討論到，當 B_d / A_s 分別為 -2、-1.5 和 -1 時，參考球面的中心分別位於邊緣成像點、最小模糊圓的中心以及邊緣成像點和高斯成像點間的**中間點** (*midway point*)。中間點對應到像差最小變異量，因此也對應到最大的斯特列爾比值 (對於小像差)，如同可藉由比較像差而看到，因而獲得澤尼克圓形多項式 $Z_4^0(\rho)$ 而看出。

在 (12-2) 式中，當 $B_t = 0$ 時，像差的形式為彗星像差。非零的 B_t 值意味著彗星像差結合了傾斜像差，或是說它是相對於參考球面的中心在像平面上的點為 $(2FB_t, 0)$，其中 F 為**焦長比** (*focal ratio*) 或是影像形成光錐之 **F 數** (*F-number*)。當 $B_t / A_c = -2/3$ 時，其像差的變異量為最小值，如同澤尼克圓形多項式 $Z_3^1(\rho, \theta)$。

在 (12-3) 式中，當 $B_d = 0$ 時，像差的形式為像散像差，非零的 B_d 值意味著像散像差結合了離焦像差。當 $B_d / A_a = -1/2$ 時，其像差的變異量為最小值，如同澤尼克圓形多項式 $Z_2^2(\rho, \theta)$。當 B_d / A_a 為 0 或是 -1 時，我們獲得所謂物點的**切面** (*tangential*) 以及**矢面** (*sagittal*) 影像。(12-4) 以及 (12-5) 式分別代表離焦像差或是場曲像差，以及傾斜像差或是畸變像差。圖 12-1 顯示各種像差的等距圖。

12.3　干涉圖

有各式各樣的干涉儀，用於檢測以及測量光學系統的像差[1]。圖 12-2 為**特外曼-格林干涉儀** (*Twyman-Green interferometer*) 之示意圖，其中準直雷射光由分光器 BS 分成兩部分。其中一部分稱為**測試光束** (*test beam*)，入射到待測系統，在圖中由透鏡 L 表示；另一部分稱為**參考光束** (*reference beam*)，入射到平面反射鏡 M_1。透鏡系統的焦點 F 位於曲率為 C 之球面反射鏡 M_2 的中心上。當入射光角度被改變來探討系統的離軸像差時，反射鏡跟著被傾斜，使得曲率中心位於光束的聚焦點上。在這樣的安排下，當對位於曲率中心的物體成像時，反射

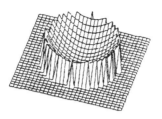

離焦像差：ρ^2

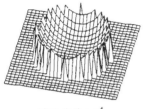

球面像差：ρ^4

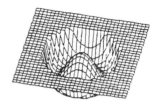

平衡後球面像差：$\rho^4 - \rho^2$

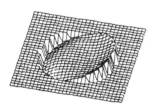

彗星像差：$\rho^3 \cos\theta$

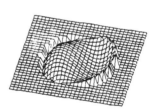

平衡後彗星像差：$\left(\rho^3 - \dfrac{2}{3}\rho\right)\cos\theta$

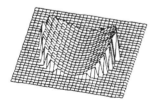

像散像差：$\rho^2 \cos^2\theta$

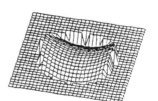

平衡後像散像差：$\rho^2 \cos^2\theta - \dfrac{1}{2}\rho^2$

圖 12-1 各種初級像差之等距圖，代表理想波前 (通常是球面波) 與實際波前的差異。

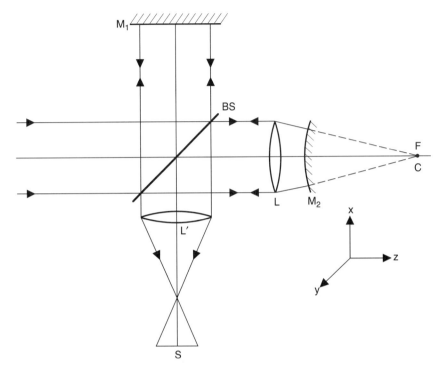

圖 12-2 待測透鏡系統 *L* 之 Twyman-Green 干涉儀示意圖。*F* 為透鏡 *L* 之像空間焦點，以及 *C* 為球面反射鏡 M_2 之曲率中心。干涉光束透過透鏡 *L'* 聚焦，並觀察位於屏幕 *S* 上的干涉條紋。

鏡不會引進任何像差 (參考 4.2 節)。

兩道反射光束在重疊的範圍內產生干涉。透鏡 *L'* 是用來觀察在屏幕 *S* 上之干涉條紋，屏幕 *S* 則被置於含有被透鏡 *L'* 將待測透鏡 *L* 成像的平面上，紀錄的干涉條紋圖案又稱為干涉圖。需要注意的是當待測光束經過透鏡系統 L 兩次，像差即為該系統的兩倍。

如果參考光束為均勻相位分布並且待測光束具有 $\Phi(x, y)$ 的相位分布，又若它們的振幅分布彼此相等，其干涉圖形的輻射照度分布由下式給定

$$
\begin{aligned}
I(x, y) &= I_0\big|1 + \exp[i\Phi(x, y)]\big|^2 \\
&= 2I_0\{1 + \cos[\Phi(x, y)]\}
\end{aligned}
\tag{12-6}
$$

其中 I_0 為只有一束光束時的輻射照度。當 $\Phi(x, y)$ 滿足以下條件，輻射照度為最大值 $4I_0$

$$\Phi(x, y) \;=\; 2\pi n \tag{12-7a}$$

以及當 $\Phi(x, y)$ 滿足以下條件時，輻射照度為最小值零

$$\Phi(x, y) \;=\; 2\pi(n + 1/2) \tag{12-7b}$$

其中 n 為正或負且包含零的整數，其中包含零。干涉圖案中每一條條紋代表著一個確定的 n 值，藉由 (12-7a) 的亮紋及 (12-7b) 的暗紋，其從而對應於關於相位差異的 (x, y) 點的軌跡。假如待測光束無相差 $\big[\Phi(x, y) = 0\big]$，其干涉圖案具有均勻的輻射照度 $4I_0$。

　　圖 12-3 顯示當待測透鏡系統 L 受到 3λ 的初級像差影響時的干涉圖，對應到干涉待測光束的 6λ 像差。在我們的討論中，像差係數的值以波長為單位，而不是以弧度為單位，此為在光學上的習慣。對於離焦像差和球面像差，干涉圖形中包含了一連串的同心圓圓環狀干涉條紋，條紋的間距與像差的形式有關。圖 12-3a 顯示當系統無像差但偏離焦點時所產生的干涉圖，即當待測透鏡焦點 F 位於球面反射鏡 M_2 的曲率中心 C 的左側或是右側，其離焦量對應 3λ 的離焦像差。[見 (1-3a) 和 (1-3b) 式中縱向離焦之間的關係式，即 F 和 C 在軸向的間距，以及離焦像差峰值 B_d，在我們的例子中為 3λ。] 圖 12-3b 顯示當系統具有球面像差 3λ (即 $A_s = 3\lambda$)，以及一定量的離焦像差時所產生的干涉圖。在 $B_d = 0$ 時的情況 (即 F 和 C 重疊在一起) 下，代表這樣的系統必然會有某物體的成像，會在高斯成像面上觀察到。同樣地，對於 $B_d/A_s = -2$ 時所獲得的干涉圖，代表當像在它的**邊緣像平面** (marginal image plane) 被觀察到的系統。對於正球面像差系統，其邊緣聚焦位置離它的出射光瞳要比近軸焦點還要遠 (見圖 7-1)。因此，其干涉圖是根據 (1-3c) 式，當 F 及 C 點在軸上彼此相距 $-48\lambda F^2$ 時所獲得，即 F 位於 C 點左側距離 $48\lambda F^2$。另外兩張干涉圖，分別為 $B_d = -A_s$ 以及 $B_d = -1.5\,A_s$

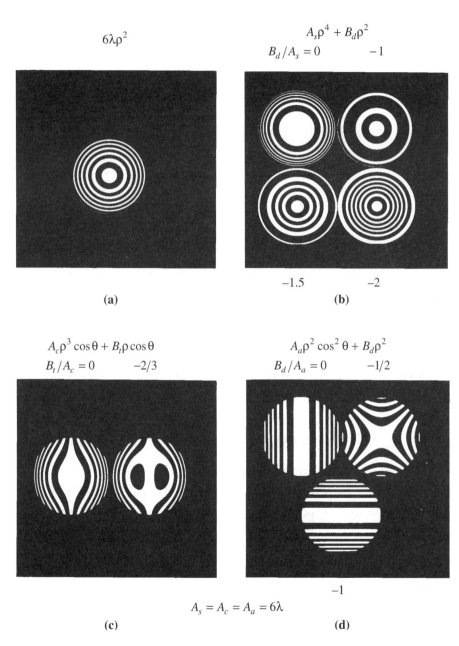

$$A_s = A_c = A_a = 6\lambda$$

圖 12-3　初級像差之干涉圖：(a) 離焦像差，(b) 球面像差結合離焦像差，(c) 彗星像差結合傾斜像差，(d) 像散像差結合離焦像差。由於待測光束經過系統兩次，因此干涉圖中的像差為待測系統中所對應的值的兩倍。

的情況，代表著系統處於成像在最小相差變異之平面可觀測到 (或是對於小 A_s 值之最大斯特列爾比值) 以及在最小模糊圓之平面可被觀察到之情況。

圖 12-3c 顯示當入射光與系統光軸有一定夾角，使得系統具有 3λ 的彗星像差時所獲得的干涉圖。在這樣的情況下，干涉條紋為三次曲線。$B_t = 0$ 對應到兩道平行的干涉光束 (在這種情況下，F 和 C 重合)。$B_t = -2A_c/3$ 代表系統對應到最小像差變異量。一個具有峰值為 B_t 的傾斜像差可由 F 點橫向偏移 $(-2FB_t, 0)$ 以取代 C 點來獲得，使得 C 點位於系統彗星像差繞射圖形之繞射焦點 (見 8.3.3 節中關於繞射焦點的討論)。它也可能藉由傾斜反射平面鏡 M_1 一個角度 B_t/a 來獲得，在此 a 為測試光束半徑。[見 (1-5c) 式以及注意到因子為 2，是因為參考光束被面鏡 M_1 反射並在測試光束中將系統像差加倍的原因。]

圖 12-3d 顯示當系統具有 3λ 之像散像差時所獲得的干涉圖。當 $B_d = 0$ 或是 $-A_a$ 時，成像可在分別包含一個或是其他像散聚焦線的平面上被觀察到，由於像差取決於 x 或是 y (並非同時兩個)，我們得到直線條紋分布之干涉條紋。然而，條紋間距並不是均勻的。當 $B_d = -A_a/2$，條紋圖案由矩形雙曲線所構成。假如系統在檢測中無像差，但是兩道干涉光束彼此互相傾斜，代表有一個波前產生傾斜誤差，我們即得到均勻間距的直線干涉條紋，其條紋間距與傾斜角度成反比。

到目前為止，我們已經討論只有一種初級像差出現時的干涉圖，這些干涉圖相對上來說較簡單，並且像差的型式也許可以從條紋的形狀來分辨。很明顯的，一般的像差是由這些相差和/或是其他像差混合而成，其將會呈現出更為複雜的干涉圖。以一個一般像差為例，圖 12-4a 顯示一個可能引進大氣湍流的像差，就如同地面天文台所觀察到的。它對應到 $D/r_0 = 10$，如同 11.3.3 節所討論。平均而言，所引入瞬時相差之標準差為 $[0.134\,(D/r_0)^{5/3}]^{1/2}$，相當於 $D/r_0 = 10$ 時的 2.5 弧度或是 0.4λ，其像差之干涉圖如圖 12-4b 中所顯示。當 25λ 的傾斜被加入像差中，其干涉圖顯示在圖 12-4c 中。要注意的是，雙倍的像差，就如同特外曼-格林干涉儀，在圖 12-4 中是不被考慮的。

12.4 總結

因為高光學頻率以及光檢測器較慢的時間響應速度，光波的像差或是相位誤差無法觀察或是直接量測。它們可藉由干涉圖的形成而量測，其利用一道光分成兩個部分，其中一道光已經經過待測系統後重新結合而成。在本章中，我們已經表示出初級像差之等距圖 (見圖 12-1)，舉例來說，對於一定的像差，一個可變形的反射鏡表面的形狀及其干涉圖，也許可由光學檢測看出 (見圖 12-3)。一個隨機散亂像差的干涉圖亦可表現 (見圖 12-4)。其目的在使讀者在實驗室工作時，認識到在練習中可能會看到的情況。

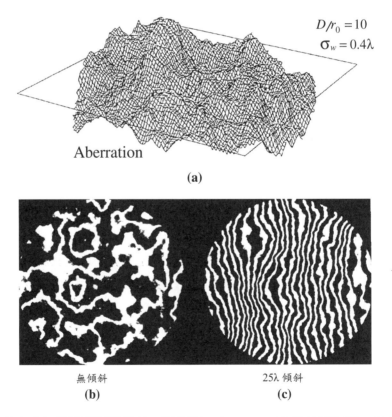

$D/r_0 = 10$
$\sigma_w = 0.4\lambda$

Aberration

(a)

無傾斜
(b)

25λ 傾斜
(c)

圖 12-4 藉由大氣湍流所引進像差，對應到 $D/r_0 = 10$。(a) 像差等距圖，(b) 像差干涉圖。大氣湍流所引進像差之標準差為 0.4λ。(c) 含有 25λ 傾斜之干涉圖。

參考文獻

1. D. Malacara, Ed., *Optical Shop Testing*, 3rd ed., Wiley, New York (2007).

Bibliography
參考書目

1. D. J. Schroeder, *Astronomical Optics*, Academic Press, New York, 1987.

2. E. Conrady, *Applied Optics and Optical Design*, Parts I and II, Oxford, London, 1929(Reprinted by Dover, New York, 1957).

3. E. H. Linfoot, *Recent Advances in Optics*, Clarendon, Oxford, 1955.

4. E. L. O'Neill, *Introduction to Statistical Optics*, Addison-Wesley, Reading, Massachusetts, 1963.

5. F. A. Jenkins and H. E. White, *Fundamentals of Optics*, 4th ed., McGraw-Hill, NewYork, 1976.

6. H. H. Hopkins, *Wave Theory of Aberrations*, Oxford, London, 1950.

7. L. C. Martin and W. T. Welford, *Technical Optics*, Vol. I, 2nd ed., Pitman, London,1966.

8. M. Born and E. Wolf, *Principles of Optics*, 7th ed., Cambridge University Press, NewYork, 1999.

9. M. V. Klein and T. E. Furtak, *Optics*, 2nd ed., Wiley, New York, 1986.

10. P. Mouroulis and J. Macdonald, *Geometrical Optics and Optical Design*, Oxford, NewYork, 1997.

11. V. N. Mahajan, *Optical Imaging and Aberrations*, Part I: *Ray Geometrical Optics*, SPIEPress, Bellingham, WA, 1998; Second Printing, 2001.

12. V. N. Mahajan, *Optical Imaging and Aberrations*, Part II: *Wave Diffraction Optics*, SPIEPress, Bellingham, WA, Second Edition, 2011.

13. W. J. Smith, *Modern Optical Engineering*, McGraw-Hill, New York, 1966.

14. W. T. Welford, *Aberrations of the Symmetrical Optical System*, Academic Press, NewYork, 1974.

References for Additional Reading
延伸閱讀之參考文獻

這些文獻資料是作者收集作為光學系統像差成像系列專題，由 SPIE 出版社於 1993 年出版。

第一部分：無像差系統

1. B. Tatian, "Asymptotic expansions for correcting truncation error in transfer-functioncalculations," *J. Opt. Soc. Am.* **61,** 1214–1224 (1971).

2. G. B. Airy, "On the diffraction of an object-glass with circular aperture," *Trans. Cambridge Philos. Soc.* **5,** 283–291 (1835).

3. H. S. Dhadwal and J. Hantgan, "Generalized point spread function for adiffraction-limited aberration-free imaging system under polychromaticillumination," *Opt. Eng.* **28,** 1237–1240 (1989).

4. I. Ogura, "Asymptotic behavior of the response function of optical systems," *J.Opt. Soc. Am.* **48,** 579–580 (1958).

5. J. E. Harvey, "Fourier treatment of near-field scalar diffraction theory," *Am. J.Phys.* **47,** 974–980 (1979).

6. L. Beiser, "Perspective rendering of the field intensity diffracted at a circularaperture," *Appl. Opt.* **5,** 869–870 (1966).

7. Lord Rayleigh, "On images formed without reflection or refraction," *Philos.Mag.* **5,** 214–218 (1881).

8. P. P. Clark, J. W. Howard, and E. R. Freniere, "Asymptotic approximation to theencircled energy function for arbitrary aperture shapes," *Appl. Opt.* **23,** 353–35 (1983).

9. R. Barakat and A. Houston, "Reciprocity relations between the transfer functionand total illuminance. I," *J. Opt. Soc. Am.* **53,** 1244–1249 (1963).

10. V. N. Mahajan, "Asymptotic behavior of diffraction images," *Canadian J. Phys.*

57, 1426–1431 (1979).

11. W. S. Kovach, "Energy distribution in the PSF for an arbitrary passband," *Appl. Opt.* **13,** 1769–1771 (1974).

第二部分：離焦系統

12. A. Arimoto, "Intensity distribution of aberration-free diffraction patterns due tocircular apertures in large F-number optical systems," *OpticaActa* **23,** 245–250(1976).

13. D. K. Cook and G. D. Mountain, "The effect of phase angle on the resolution oftwo coherently illuminated points," *Optical and Quan. Elec.* **10,** 179–180 (1978).

14. D. S. Burch, "Fresnel diffraction by a circular aperture," *Am. J. Phys.* **53,** 255–260(1985).

15. E. Wolf, "Light distribution near focus in an error-free diffraction image," *Proc. Royal Soc. A* **204,** 533–548 (1951).

16. H. H. Hopkins, "The frequency response of a defocused optical system," *Proc. Royal Soc. A* **231,** 91–203 (1955).

17. H. Osterberg and L. W. Smith, "Defocusing images to increase resolution," *Science* **134,** 1193–1196 (1961).

18. J. C. Dainty, "The image of a point for an aberration-free lens with a circularpupil," *Opt. Comm.* **1,** 176–178 (1969).

19. L. Levi and R. H. Austing, "Tables of the modulation transfer function of adefocused perfect lens," *Appl. Opt.* **7,** 967–974 (1968).

20. P. A. Stokseth, "Properties of a defocused optical system," *J. Opt. Soc. Am.* **59,** 1314–1321 (1969).

21. R. E. Stephens and L. E. Sutton, "Diffraction image of a point in the focal planeand several out-of-focus planes," *J. Opt. Soc. Am.* **58,** 1001–1002 (1968).

22. T. S. McKechnie, "The effect of defocus on the resolution of two points,"

OpticaActa **20,** 253–262 (1973).

23. T. S. McKechnie, "The effect of condenser obstruction on the two-pointresolution of a microscope," *OpticaActa* **19,** 729–737 (1972).

24. V. N. Mahajan, "Axial irradiance and optimum focusing of laser beams," *Appl. Opt.* **22,** 3042–3053 (1983).

25. W. H. Steel, "The defocused image of sinusoidal gratings," *OpticaActa* **3,** 65–74(1956).

26. Y. Li and E. Wolf, "Focal shifts in diffracted converging spherical waves," *Opt. Comm.* **39,** 211–215 (1981).

27. Y. Li, "Dependence of the focal shift on Fresnel number and f number," *J. Opt. Soc. Am.* **72,** 770–774 (1982).

第三部分：斯特列爾比值以及霍普金斯比值

28. A. Maréchal, "Etude des effets combines de la diffraction et des aberrationsgeomet riquessurl'image d'un point lumineux," *Revue d'Optique* **26,** 257–277(1947).

29. G. Martial, "Strehl ratio and aberration balancing," *J. Opt. Soc. Am. A 8 ,* 164–170(1991).

30. H. H. Hopkins, "Geometrical-optical treatment of frequency response," *Proc.Phys. Soc. B* **70,** 449–470 (1957).

31. H. H. Hopkins, "The aberration permissible in optical systems," *Proc. Phys. Soc.B* **70**, 449–470 (1957).

32. H. H. Hopkins, "The use of diffraction-based criteria of image quality inautomatic optical design," *OpticaActa* **13,** 343–369 (1966).

33. J. J. H. Wang, "Tolerance conditions for aberrations," *J. Opt. Soc. Am.* **62,** 598–599 (1972).

34. K. Strehl, "UeberLuftschlieren und Zonenfehler," *Zeitschrift furinstrumentenkunde* **22,** 213–217 (1902).

35. Lord Rayleigh, "Investigations in optics, with special reference to thespectroscope.

Sec. 4: Influence of aberrations," *Philos. Mag.* **8**, 403–411 (1879).

36. S. Szapiel, "Hopkins variance formula extended to low relative modulations," *OpticaActa* **33**, 981–999 (1986).

37. V. N. Mahajan, "Strehl ratio for primary aberrations in terms of their aberrationvariance," *J. Opt. Soc. Am.* **73,** 860–861 (1983).

38. V. N. Mahajan, "Strehl ratio for primary aberrations: some analytical results forcircular and annular pupils," *J. Opt. Soc. Am.* **72,** 1258–1266 (1982).

39. W. B. King, "Correlation between the relative modulation function and themagnitude of the variance of the wave-aberration difference function," *J. Opt. Soc. Am.* **59**, 285–290 (1969).

40. W. B. King, "Dependence of the Strehl ratio on the magnitude of the variance ofthe wave aberration," *J. Opt. Soc. Am.* **58,** 655–661 (1968).

41. W. H. Steel, "The problem of optical tolerances for systems with absorption,"*Appl. Opt.* **8,** 2297–2299 (1969).

第四部分：像差平衡

42. A. Magiera, K. Pietraszkiewicz, "Position of the optimal reference sphere forapodized optical systems," *Optik* **58**, 85–91 (1981).

43. B. R. A. Nijboer, "The diffraction theory of optical aberrations. Part I: Generaldiscussion of the geometrical aberrations," *Physica* **10,** 679–692 (1943).

44. B. R. A. Nijboer, "The diffraction theory of optical aberrations. Part II:Diffraction pattern in the presence of small aberrations," *Physica* **13**, 605–620(1947).

45. B. Tatian, "Aberration balancing in rotationally symmetric lenses," *J. Opt. Soc. Am.* **64,** 1083–1091 (1974).

46. K. Nienhuis and B. R. A. Nijboer, "The diffraction theory of optical aberrations. Part III: General formulae for small aberrations: experimental verification of thetheoretical results," *Physica* **14**, 590–608 (1949).

47. K. Pietraszkiewicz, "Determination of the optimal reference sphere," *J. Opt. Soc.*

Am. **69,** 1045–1046 (1979).

48. S. Szapiel, "Aberration-balancing technique for radially symmetric amplitudedistributions: a generalization of the Mar?chal approach," *J. Opt. Soc. Am.* **72,** 947–956 (1982).

49. V. N. Mahajan, "Zernike annular polynomials for imaging systems with annularpupils," *J. Opt. Soc. Am.* **71,** 75–85; 1408 (1981).

50. V. N. Mahajan, "Zernike annular polynomials for imaging systems with annularpupils," *J. Opt. Soc. Am. A* **1,** 685 (1984).

第五部分：澤尼克多項式

51. G. Conforti, "Zernike aberration coefficients from Seidel and higher-order power-seriescoefficients," *Opt. Lett.* **8,** 407–408 (1983).

52. J. Y. Wang and D. E. Silva, "Wave-front interpretation with Zernikepolynomials," *Appl. Opt.* 19, 1510–1518 (1980).

53. R. J. Noll, "Zernike polynomials and atmospheric turbulence," J. Opt. Soc. Am.66, 207–2111 (1976).

54. R. K. Tyson, "Conversion of Zernike aberration coefficients to Seidel and higher-orderpower-series aberration coefficients," Opt. Lett. 7, 262–264 (1982).

55. S. N. Bezdid'ko, "Calculation of the Strehl coefficient and determination of thebest-focus plane in the case of polychromatic light," *Soviet J. Opt. Tech.* **42,** 514–516 (1975).

56. S. N. Bezdid'ko, "Determination of the Zernike polynomial expansion coefficientsof the wave aberration," *Soviet J. Opt. Tech.* **42,** 426–427 (1975).

57. S. N. Bezdid'ko, "Numerical method of calculating the Strehl coefficient usingZernike polynomials," *Soviet J. Opt. Tech.* **43,** 222–225 (1977).

58. S. N. Bezdid'ko, "The use of Zernike polynomials in optics," *Soviet J. Opt. Tech.* **41,** 425–429 (1974).

59. S. N. Bezdid'ko, "Use of orthogonal polynomials in the case of optical systemswith annular pupils," *Opt. Spectroscopy* **43,** 2000–2003 (1977).

第六部分：含有像差之光學系統

60. H. H. Hopkins, "Image shift, phase distortion and the optical transfer function," *OpticaActa* **31,** 345–368 (1984).

61. R. Barakat and A. Houston, "Diffraction effects of coma," *J. Opt. Soc. Am.* **54,** 1084–1088 (1964).

62. R. Barakat, "Total illumination in a diffraction image containing spheric alaberr ation," *J. Opt. Soc. Am.* **51,** 152–167 (1961).

63. S. Szapiel, "Aberration-variance-based formula for calculating point-spreadfunctions: rotationally symmetric aberrations," *Appl. Opt.* **25,** 244–251 (1986).

64. V. N. Mahajan, "Aberrated point-spread functions for rotationally symmetricaberrations," *Appl. Opt.* **22,** 3035–3141 (1983).

65. V. N. Mahajan, "Line of sight of an aberrated optical system," *J. Opt. Soc. Am. A* **2,** 833–846 (1985).

第七部分：環形光瞳

66. A. T. Young, "Photometric error analysis. X: Encircled energy (total illuminance) calculations for annular apertures," *Appl. Opt.* **9,** 1874–1888 (1970).

67. E. H. Linfoot and E. Wolf, "Diffraction images in systems with an annularaperture," *Proc. Phys. Soc. B* **66,** 145–149 (1953).

68. E. L. O'Neill, "Transfer function for an annular aperture," *J. Opt. Soc. Am.* **46,** 285–288 (1956).

69. G. B. Airy, "On the diffraction of an annular aperture," *Philos. Mag.* **18,** 1–10,132–133 (1841).

70. H. F. A. Tschunko, "Imaging performance of annular apertures," *Appl. Opt.* **18,**

3770–3774 (1974).

71. I. L. Goldberg and A. W. McCulloch, "Annular aperture diffracted energyd istribution for an extended source," *Appl. Opt.* **8,** 1451–1458 (1969).

72. J. J. Stamnes, H. Heier, and S. Ljunggren, "Encircled energy for systems withcentrally obscured circular pupils," *Appl. Opt.* **21,** 1628–1633 (1982).

73. T. Asakura and H. Mishina, "Irradiance distribution in the diffraction patterns ofan annular aperture with spherical aberration and coma," *Japanese J. Appl. Phys.* **7,** 751–758 (1968).

74. V. N. Mahajan, "Included power for obscured circular pupils," *Appl. Opt.* **17,** 964–968 (1978).

第八部分：高斯光束

75. A. L. Buck, "The radiation pattern of a truncated Gaussian aperture distribution," *Proc. IEEE* **55,** 448–450 (1967).

76. D. A. Holmes, J. E. Korka, P. V. Avizonis, "Parametric study of aperture focused Gaussian beams," *Appl. Opt.* **11,** 565–574 (1972).

77. D. D. Lowenthal, "Far-field diffraction patterns for gaussian beams in thepresence of small spherical aberrations," *J. Opt. Soc. Am.* **65,** 853–855 (1975).

78. D. D. Lowenthal, "Maréchal intensity criteria modified for Gaussian beams," *Appl. Opt.* **13,** 2126–2133, 2774 (1974).

79. G. O. Olaofe, "Diffraction by Gaussian apertures," *J. Opt. Soc. Am* **60,** 1654–1657 (1970).

80. J. P. Campbell and L. G. DeShazer, "Near fields of truncated-Gaussian apertures," *J. Opt. Soc. Am.* **59,** 1427–1429 (1969).

81. K. Tanaka, N. Saga, and K. Hauchi, "Focusing of a Gaussian beam through afinite aperture lens," *Appl. Opt.* **24,** 1098–1101 (1985).

82. R. G. Schell and G. Tyras, "Irradiance from an aperture with truncated-Gaussianfield distribution," *J. Opt. Soc. Am.* **61,** 31–35 (1971).

83. R. Herloski, "Strehl ratio for untruncatedaberrated Gaussian beams," *J. Opt. Soc. Am. A* **2,** 1027–1030 (1985).

84. S. C. Biswas and J.-E. Villeneuve, "Diffraction of a laser beam by a circularaperture under the combined effect of three primary aberrations," *Appl. Opt.* **25,** 2221–2232 (1986).

85. V. N. Mahajan, "Uniform versus Gaussian beams: a comparison of the effects ofdiffraction, obscuration, and aberrations," *J. Opt. Soc. Am. A* **3,** 470–485 (1986).

86. V. P. Nayyar and N. K. Verma, "Diffraction by truncated-Gaussian annularapertures," *J. Opt.* [Paris] **9,** 307–310 (1978).

87. Y. Li and E. Wolf, "Focal shift in focused truncated Gaussian beams," *Opt.Comm.* **42,** 151–156 (1982).

第九部分：隨機像差

88. D. L. Fried, "Optical resolution through a randomly inhomogeneous medium forvery long and very short exposures," *J. Opt. Soc. Am.* **56,** 1372–1379 (1966).

89. D. L. Fried, "Optical heterodyne detection of an atmospherically distorted signalwave front," *Proc. IEEE* **55,** 57–67 (1967).

90. J. Y. Wang, "Optical resolution through a turbulent medium with adaptive phasecompensations," *J. Opt. Soc. Am.* **67,** 383–390 (1977).

91. V. N. Mahajan and B. K. C. Lum, "Imaging through atmospheric turbulence withannular pupils," *Appl. Opt.* **20,** 3233–3237 (1981).

92. V. N. Mahajan, "Degradation of an image due to Gaussian motion," *Appl. Opt.* **17,** 3329–3334 (1978).

第十部分：同調系統

93. D. B. Allred and J. P. Mills, "Effect of aberrations and apodization on theperformance of coherent optical systems. 3: The near field," *Appl. Opt.* **28,** 673–681 (1989).

94. J. P. Mills and B. J. Thompson, "Effect of aberrations and apodization on theperformance of coherent optical systems. I. The amplitude impulse response," *J.Opt. Soc. Am. A* **3,** 694–703 (1986).

95. J. P. Mills and B. J. Thompson, "Effect of aberrations and apodization on theperformance of coherent optical systems. II. Imaging," *J. Opt. Soc. Am. A* **3,** 704–716 (1986).

96. R. Barakat, "Diffraction images of coherently illuminated objects in the presenceof aberrations," *OpticaActa* **17,** 337–347 (1969).

97. R. Barakat," Partially coherent imagery in the presence of aberrations," *OpticaActa* **16,** 205–223 (1970).

98. W. H. Steel, "Effects of small aberrations on the images of partially coherentobjects," *J. Opt. Soc. Am.* **47,** 405–413 (1957).

中英對照表

中英對照表

英文	中文	頁碼
A		
aberration balancing	像差平衡	86,105
aberration tolerance	像差誤差	98
adaptive optics	適應性光學	196, 206
afocal system	無聚焦系統	78
Airy disc	艾瑞光盤	108,184
Airy pattern	艾瑞圖形	24, 108, 138
anastigmatic	消像散	23
angular ray aberration	角光線像差	10
annular pupil	環形光瞳	145, 186
aperture stop, AS	孔徑光欄	7
aplanatic	等光程	23, 38
apodized system	切趾系統	164
aspherical surface	非球面	71, 76
astigmatic focal line	像散焦線	91
astigmatism	像散像差	15, 82
astigmatism of the eye	眼睛的像散 / 散光	92
atmospheric turbulence	大氣亂流	191
auto-correlation	自相關	131
B		
barrel distortion	桶狀畸變	95
Bessel function	貝索函數	108, 145
C		
Cassegrain telescpoe	凱薩格林望遠鏡	78
central maximum	中心最大值	146
centroid	質心	
chief ray, CR	主光線	7, 82

golden rule of optical design	光學設計黃金法則	98
Gram-Schmidt orthogonalization process	Gram-Schmidt 正交化過程	161
H		
half-wave zone	半波區	111
Hopkins modulation	霍普金斯調制	136
Hopkins ratio	霍普金斯比值	106
image displacement	影像位移量	41
incoherent object	非同調物	105
interferogram	干涉圖	214
isoplanatic	等暈	107
Kolmogorov turbulence	柯爾莫葛羅夫湍流	196
Kronecker delta	克洛尼克 δ	119
I		
Least confusion	最小模糊圖平面	126
line-of-sight error	視線誤差	99
line of sight, LOS	視線	181
longitudinal astigmatism	縱向像散	24, 91
longitudinal chromatic aberration	縱向色差	24
longitudinal defocus	縱向離焦	12
longitudinal spherical aberration	縱向球面像差	85
lucky imaging	幸運成像	204
M		
Maréchal formula	Maréchal 公式	114
marginal	邊緣成像面	126
marginal image plane	邊緣像平面	86, 126, 217
marginal image point	邊緣成像點	86
marginal ray, MR	邊緣光線	7
marginal spot radius	邊緣光點半徑	86
maxima	極大值	146

國家圖書館出版品預行編目資料

像差光學概論／Virendra N. Mahajan著：
孫慶成等譯. －－初版.－－臺北市：五南,
2014.11
　　面；　公分
譯自：Aberration theory made simple, 2nd ed.
ISBN 978-957-11-7426-6（平裝）
1. 光學　2. 幾何光學
336　　　　　　　　　　　　102023679

5DH4

像差光學概論
Aberration Theory Made Simple

作　　者 — Virendra N. Mahajan

譯　　者 — 馬仕信、陳志宏、李宣皓、羅翊戩

　　　　　　林哲巨、鄭智元、蔡直佑、孫慶成

發 行 人 — 楊榮川

總 編 輯 — 王翠華

主　　編 — 王者香

封面設計 — 郭佳慈

出 版 者 — 五南圖書出版股份有限公司

地　　址：106台北市大安區和平東路二段339號4樓

電　　話：(02) 2705-5066　　傳　　真：(02) 2706-6100

網　　址：http://www.wunan.com.tw

電子郵件：wunan@wunan.com.tw

劃撥帳號：01068953

戶　　名：五南圖書出版股份有限公司

台中市駐區辦公室/台中市中區中山路6號

電　　話：(04) 2223-0891　　傳　　真：(04) 2223-3549

高雄市駐區辦公室/高雄市新興區中山一路290號

電　　話：(07) 2358-702　　傳　　真：(07) 2350-236

法律顧問　林勝安律師事務所　林勝安律師

出版日期　2014年11月初版一刷

定　　價　新臺幣380元